Weyres und Brandt

Die physikalischen Grundlagen der Elektrizitätslehre

Die physikalischen Grundlagen der Elektrizitätslehre

von

Dr. T. Weyres
Major im Reichsluftfahrtministerium

Dr. O. Brandt
Leiter der Abteilung 1 Physik der Staatlichen Hauptstelle
für den naturwissenschaftlichen Unterricht

Mit 277 Abbildungen

4. verbesserte Auflage

1941

Verlag Walter de Gruyter & Co., Berlin
vormals G. J. Göschen'sche Verlagshandlung — J. Guttentag, Verlagsbuchhandlung
Georg Reimer — Karl J. Trübner — Veit & Comp.

Archiv-Nr. 527041
Druck von Fischer & Wittig in Leipzig
Printed in Germany

Vorwort zur 4. Auflage

Die gesamte Wehrmacht stellt durch die gewaltige Eingliederung der Technik in ihre Kampfmittel an den einzelnen Soldaten Anforderungen, die nur durch lange und gründliche Ausbildung voll und ganz erfüllt werden können. Insbesondere für die vielseitigen Anwendungen von elektrischen Vorgängen und Geräten werden Kenntnisse verlangt, die bei der Kürze der Ausbildungszeit nur sehr schwer in das Wissen übergehen, wenn nicht durch eine Einschränkung auf das Notwendigste und eine **eindringlich klare Methode** Stoff und Form bewältigt werden. Daraus ergeben sich folgende Forderungen:

Entwicklung und Klarstellung der **Begriffe** auf einfachste und eindringlichste Art.

Leicht verständliche Darstellung der Erscheinungen und Gesetzmäßigkeiten der elektrischen Vorgänge unter Berücksichtigung der praktischen Anwendung im täglichen Leben.

Einheitlichkeit in der Darstellungsweise von Bild, Zeichnungen und Symbolen in Übereinstimmung mit Technik und Wissenschaft. Einführung in Lesen und Verstehen einfacher Schaltungen, soweit sie als *Bausteine für eine spätere Sonderausbildung* in Frage kommen.

Hier soll das vorliegende Buch eingreifen und die physikalischen Grundlagen der Elektrizitätslehre in einer Form behandeln, die in Einfachheit, Klarheit und Sauberkeit des Ausdruckes den neuesten Erkenntnissen und Anschauungen voll Rechnung trägt. Deswegen muß das Buch gleich Abstand halten von den vielen volkstümlichen Darstellungen und den Lehrbüchern, die bereits manches technische und physikalische Können und Wissen voraussetzen.

Es wird Wert darauf gelegt, daß die physikalischen Gegebenheiten in einer Form gebracht werden, die **keinen Anspruch an vorher erlerntes Wissen stellt.** Mathematisches Formulieren und technisches Beiwerk werden gänzlich vermieden. Grundsatz bleibt trotz aller Einfachheit die unbedingte Richtigkeit des Inhalts. Da es nicht genügt, die Zusammenhänge und Begriffe nur zu verstehen, um sie bald wieder zu vergessen, sind die **Ergebnisse** im Text **in kurzer einprägsamer Fassung herausgestellt** und auch äußerlich hervorgehoben. Diese **Begriffserläuterungen** werden am Ende eines jeden Abschnittes zusammengefaßt, so daß sie sich sicher einprägen und die spätere Ausbildung darauf aufgebaut werden kann.

Ein weiterer Zweck des Buches ist, der vormilitärischen Ausbildung durch HJ., NSFK. und SA. ein Hilfsmittel zu bieten, das diese Ausbildung in eine einheitliche Linie bringt. So wird es bald möglich sein, daß der militärische Nachwuchs eine festumrissene Anfangsausbildung in der Elektrizitätslehre mitbringt, die die Ausbildungszeit verkürzt und eine einheitliche Grundlage für alle Teile der Sonderausbildung gibt.

Die Erfahrung zeigt, daß die physikalischen Grundlagen der Elektrizitätslehre von den verschiedensten Standpunkten aus behandelt werden können. Der eine Lehrer beginnt mit dem Bernstein und dem geriebenen Glasstab, der andere mit den Elektronenbahnen und ihren Gesetzen, der dritte wieder mit der Taschenlampenbatterie oder der Steckdose des Wechselstromnetzes, der vierte entwickelt die Gesetzmäßigkeiten mit mathematischen Formeln und Berechnungen, während wieder ein anderer die reine technische Praxis ohne jede Begriffserläuterung bringt.

Das vorliegende Buch hat den elektrischen Strom an den Anfang gestellt. Damit ist die beste Anknüpfung an die Erfahrungen des täglichen Lebens gegeben. Von vornherein werden die Elektronen eingeführt. Um den wissenschaftlichen Tatsachen und ihren Forderungen gerecht zu werden, kann man heute nicht mehr umhin, den Elektronenstrom in der Richtung von Minus nach Plus eingehend zu behandeln.

Es ist aber dafür gesorgt, daß keine Verwirrung entstehen kann, wenn die andere Auffassung des Stromlaufes von Plus nach Minus, die heute noch in der Elektrotechnik maßgebend ist, später in der technischen Praxis auftritt.

Das Buch enthält außer klarem, übersichtlichem Bildmaterial Hinweise zu Anleitungen für viele einfache Versuche, die jeweils durch [ ] mit entsprechender Ziffer gekennzeichnet sind.

Diese Hinweise beziehen sich auf das in dem gleichen Verlage erschienene Buch

Versuche

zu den „Physikalischen Grundlagen der Elektrizitätslehre".

Es bietet eine Handhabe für den Aufbau und die Durchführung der Versuche und regt zu weiteren Versuchen an.

Das dazu erforderliche Gerät ist zu einem Gerätesatz zusammengestellt, der von den Physikalischen Werkstätten, Göttingen, geliefert wird.

Berlin, Mai 1941. Die Verfasser.

Gliederung

I. Strom – Spannung – Widerstand

Seite

1. Elektrischer Strom: Elektronen, Stromkreis, Gleich- und Wechselstrom, Stromstärke, Ampere, Stromverzweigung, Schalter, Schaltzeichen, Lesen von Schaltplänen, Richtung des elektrischen Stromes 1
2. Spannung: Wesen der Spannung, Volt, Spannungsmessung, Spannungserhöhung, Abhängigkeit zwischen Spannung und Stromstärke 15
3. Widerstand: Begriffserläuterungen, Ohm, Widerstand und Leitfähigkeit, Abhängigkeit zwischen Spannung, Stromstärke und Widerstand, technische Formen der Widerstände (Mikrophon, Schiebewiderstand, Kurbelwiderstand), Schaltung von Widerständen, Spannungsteiler 21
4. Leitung des elektrischen Stromes: Feste Körper, Flüssigkeiten, Erde als Leiter, der menschliche Körper als Leiter, Gase als Leiter, Funkenüberschlag, Glimmlampen 30
5. Watt, Kilowatt, Kilowattstunde 40
6. Ladung und elektrisches Feld: Kräfte zwischen den Ladungen, Feld, Feldlinien 42
7. Kondensator: Wirkungsweise, Kapazität, Schaltung von Kondensatoren, Kondensator im Gleich- und Wechselstromkreis, technische Ausführungsformen 44

II. Wirkungen des elektrischen Stromes und ihre technischen Anwendungen

8. Wärmewirkungen des Stromes: Schmelzsicherungen, Elektrowärme, Lichtbogen (Elektro-Ofen und Schweißverfahren), Glühlampe und ihre Schaltungen, Hitzdrahtamperemeter 52

Seite

9. Chemische Wirkungen des Stromes: Elektrolyse, Kathode, Anode, Jonen, Anwendungen in der Technik (Galvanoplastik, Metall- und Schutzüberzüge) 61
10. Stromquellen: Galvanische Elemente und Batterien, Bleisammler, Stahlsammler, Pflege und Behandlung der Sammler . 64
11. Magnetismus: Grunderscheinungen, Dauermagnete, Kompaß, Magnetisieren, magnetisches Feld, Erdfeld 72
12. Magnetische Wirkungen des Stromes: Magnetfeld des Stromes, Elektromagnet, technische Anwendungen (Fernhörer, Morseschreiber, Selbstunterbrecher, Klingel, Schütz) 77
13. Meßinstrumente und ihre Schaltung, Dreheiseninstrument, Drehspulinstrument, Meßbereiche 87
14. Induktion: Zusammenhang zwischen Magnetfeld, Bewegung und Strom, Induktionsspannung, Induktion zwischen Spulen, Kopplung, Funkeninduktor, Wirbelströme 93
15. Selbstinduktion: Wesen der Selbstinduktion, Selbstinduktion bei Schaltvorgängen 98
16. Wechselstrom: Frequenz, Wechselstromkurve, Stromstärke und Spannung, Vorgänge im Wechselstromkreis, induktiver und kapazitiver Widerstand, elektrische Weiche 102
17. Generatoren und Motoren: Wechselstromgenerator, Gleichstromgenerator, Selbsterregung, Feldschaltungen, Motoren, Umformer und Stromrichter 109
18. Transformatoren: Umspanner, Hochspannung, Hochstrom (Induktionsschmelzofen, Schweißverfahren), Spartransformator, Fernleitung der Energie 117

III. Elektronenröhre

19. Zweipolröhre: Entstehung des Elektronenstroms, Röhre als Gleichrichter 125
20. Dreipolröhre: Wirkungsweise des Gitters, Kennlinie, Arbeitspunkt, Verstärkung, Anwendung in Fernsprech- und Funktechnik . 130

IV. Anhang

21. Schaltzeichen, soweit sie im Buche verwendet werden . . . 134
22. Namen- und Sachverzeichnis 136

I. Strom – Spannung – Widerstand

1. Der elektrische Strom

Elektronen

Im Leben des Menschen spielt heute die Elektrizität eine so wichtige Rolle und der Gebrauch elektrischer Geräte ist allgemein so verbreitet, daß jedem auch eine Reihe von Begriffen bekannt ist. Man spricht *von elektrischem Strom*, der durch die Glühlampe fließt, *von Spannung*, die an der Steckdose liegt, von Kilowattstunden, die bezahlt werden müssen, ohne allerdings in den meisten Fällen eine eindeutige Vorstellung der elektrischen Vorgänge und Begriffe zu haben, mit denen in der Technik und in der Wissenschaft diese Bezeichnungen verbunden sind. Im täglichen Leben ist das auch nicht unbedingt notwendig.

Für denjenigen aber, der sich mit Erscheinungen und Anwendungen der Elektrizität näher befassen muß, *ist eine sichere Erfassung und Kenntnis der elektrischen Grundbegriffe unbedingt erforderlich.*

Ein Eindringen in das Gebiet der Elektrizitätslehre wird dadurch erschwert, daß die Elektrizität mit keinem unserer fünf Sinne unmittelbar wahrnehmbar ist. Einen Wasserstrom kann man sehen. Der Draht, durch den der elektrische Strom fließt, ist dagegen nicht hohl, wie eine Wasserleitung und von irgend etwas Fließendem ist auf und in ihm nichts zu merken.

Der Strom bringt aber *gewisse Wirkungen* hervor, an denen er zu erkennen ist. Ein durch die Glühlampe fließender Strom kann sie zum Leuchten bringen. Eine Glühlampe ist also ein einfaches Anzeigegerät für elektrischen Strom.

Außerdem bewirkt der elektrische Strom noch viele andere Erscheinungen. Er erwärmt zum Beispiel die elektrischen Heizgeräte, setzt das Meßwerk des elektrischen Zählers in Bewegung und treibt einen Elektromotor.

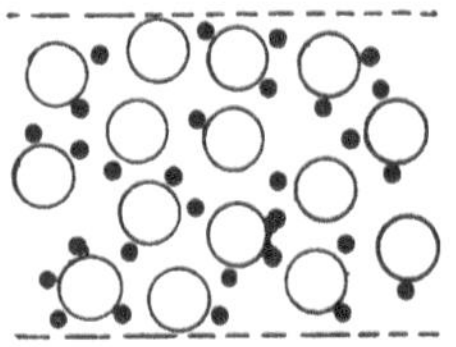

Abb. 1. Schematische Darstellung der Atome (große Kreise) und der zwischen ihnen beweglichen Elektronen (schwarze Punkte). Die wirklichen Größenverhältnisse werden durch die Zeichnungen 1 bis 4 nicht wiedergegeben.

Was ist elektrischer Strom? Die Wissenschaft hat lange Zeit keine Antwort darauf geben können, was das unsichtbare Etwas ist, das sich Elektrizität nennt. Heute ist auch dies Gebiet erforscht. So wie ein Menschenstrom durch die gemeinsame Bewegung vieler Menschen entsteht, so wird der elektrische Strom durch die Bewegung elektrischer Körperchen, der **Elektronen,** gebildet.

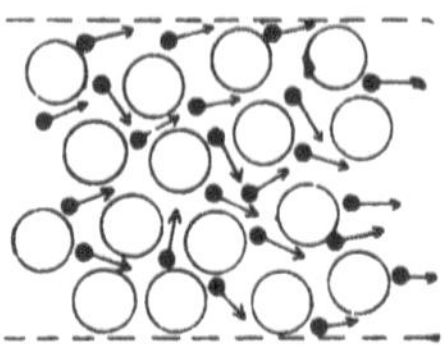

Abb. 2. In einer Richtung wandernde Elektronen bilden einen elektrischen Strom.

Jeder Stoff setzt sich aus kleinsten Teilchen, die **Atome** heißen, zusammen. So besteht Kupfer aus Kupferatomen, Eisen aus Eisenatomen. Die Atome bilden häufig unter sich oder mit Atomen anderer Stoffe zusammen besondere, zusammengesetzte Atomgruppen, die man **Moleküle** nennt. Die Atome sind unsichtbar klein und ebenso klein und unsichtbar sind auch die Lücken zwischen den einzelnen Atomen, daher erscheint uns ein Draht äußerlich lückenlos zusammenhängend.

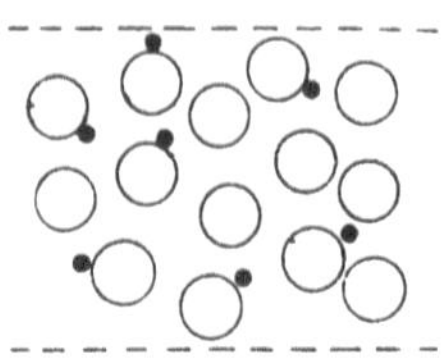

Abb. 3. Körper mit Elektronenmangel.

Die Elektronen selbst sind aber noch viel kleiner als die Atome. Sie stammen aus den Atomen und sind Bausteine derselben. Elektronen gibt es also überall. In Metall, in Holz, in Wasser, in Erde, in Luft, in allen Stoffen sind sie in großer Zahl vorhanden (Abb. 1).

Nun besteht aber zwischen den verschiedenen Stoffen ein wesentlicher Unterschied. Diejenigen Stoffe, in denen sich die Elektronen bewegen können (Abb. 2), nennt man **Leiter.** Sie **leiten** den Strom. Besonders Kupfer ist dazu vorzüglich geeignet und wird daher vorwiegend zur Herstellung der **Leitungen** benutzt.

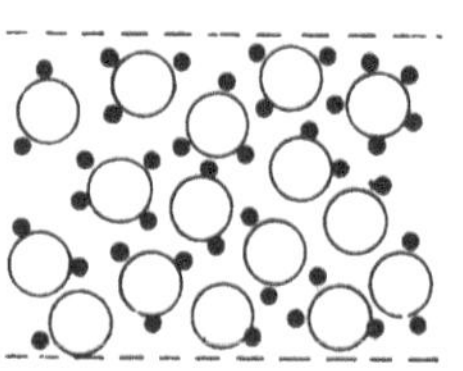

Abb. 4. Körper mit Elektronenüberschuß.

In Holz, Glas, Porzellan, Gummi und vielen anderen Stoffen dagegen haben die Elektronen nur sehr geringe oder gar keine

Bewegungsfreiheit. In ihnen kann mithin auch kein Strom fließen. Stoffe, die sich so verhalten, heißen **Nichtleiter (Isolatoren).**

Durch besondere Mittel, die später beschrieben werden, kann man dem Leiter einen Teil der Elektronen entziehen. Es herrscht in ihm dann **Elektronenmangel** (Abb. 3). Man kann ihm aber auch mehr Elektronen zuführen, als er normalerweise enthält. Es herrscht in ihm dann **Elektronenüberschuß** (Abb. 4).

Der Stromkreis

Eine Steckdose, die mit den Elektrizität erzeugenden Maschinen des Elektrizitätswerkes verbunden ist, hat zwei Anschlußstellen. Man nennt sie **Pole**. Wird eine Glühlampe durch zwei Leitungsdrähte mit ihnen verbunden, so glüht sie auf. Es fließt also ein Strom (Abb. 5). [1]

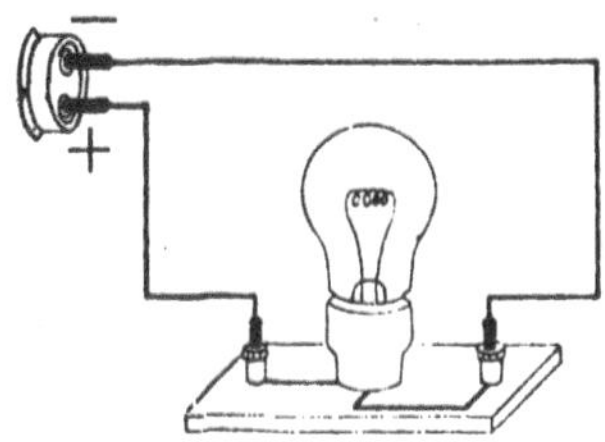

Abb. 5.
Anschalten einer Glühlampe an die Steckdose.

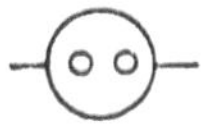

Abb. 5a. Schaltzeichen für Steckdose.

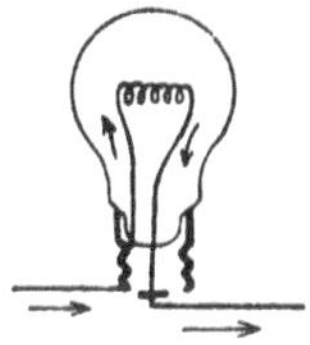

Abb. 6. Weg des elektrischen Stromes durch eine Glühlampe.

Abb. 6a. Schaltzeichen für eine Glühlampe.

Den Weg, den er durch die Lampe nimmt, erkennt man aus Abb. 6. Da die Steckdose Strom liefert, nennt man sie eine **Stromquelle.**

Auch der **„Sammler“** hat zwei Anschlußstellen (Klemmen). Er bringt ebenfalls eine Lampe zum Leuchten, ist also auch eine Stromquelle (Abb. 7). [2]

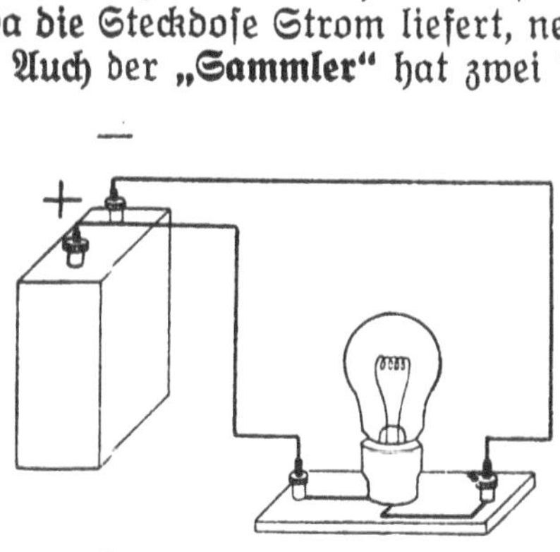

Abb. 7. Anschalten der Lampe an einen Sammler.

Abb 8. Schaltzeichen einer Gleichstromquelle

Weitere bekannte Stromquellen sind die Taschenlampenbatterie und die Anodenbatterie.

Die beiden Pole der Stromquellen sind *nicht gleichartig.* Das erkennt man schon an den Aufschriften an den Klemmen des Sammlers. Der eine ist mit einem **Minuszeichen,** der andere mit einem **Pluszeichen** gekennzeichnet.

Die Verschiedenartigkeit läßt sich aber auch auf anderem Wege feststellen. Berührt man z. B. ein angefeuchtetes Stückchen *Polprüfpapier* gleichzeitig an zwei benachbarten Stellen mit den Enden zweier Drähte, deren einer am **Minuspol** und deren anderer am **Pluspol** angeschlossen ist, so bemerkt man an der einen Berührungsstelle auf dem Papier eine Rotfärbung. Sie zeigt sich unter dem Drahtende, das vom Minuspol herkommt. An der zweiten Berührungsstelle zeigt sich nichts. [3]

Wie man heute weiß, besteht die Verschiedenartigkeit der Pole in elektrischer Hinsicht darin, daß auf dem **Minuspol Elektronenüberschuß,** auf dem **Pluspol** dagegen **Elektronenmangel** herrscht. Wird zwischen den beiden Polen eine *leitende* Verbindung hergestellt, dann fließen die Elektronen von dem Pol mit Elektronenüberschuß zum Pol mit Elektronenmangel hinüber. Eine Verbindung der Pole mit einem Bindfaden oder einem Holzstab hat dagegen keinen Strom zur Folge, denn diese sind Nichtleiter.

Werden Pluspol und Minuspol durch einen Leiter verbunden, so fließt durch ihn ein Strom.

Die Rolle der Stromquelle ist die einer „*Elektronenpumpe*". Sie drückt Elektronen auf den Minuspol und schafft sie vom Pluspol weg. Der Minuspol ist also der Quellpol der Elektronen. Genau so drückt eine Wasserpumpe (Abb. 9) das Wasser auf der einen Seite in die Leitung hinein und saugt es auf der anderen ab. Es fließt von der Pumpe durch die Leitung wieder zur Pumpe. Da es zum Ausgangspunkt zurückkehrt, hat man dafür den Namen „*Kreislauf des Wassers*" geprägt.

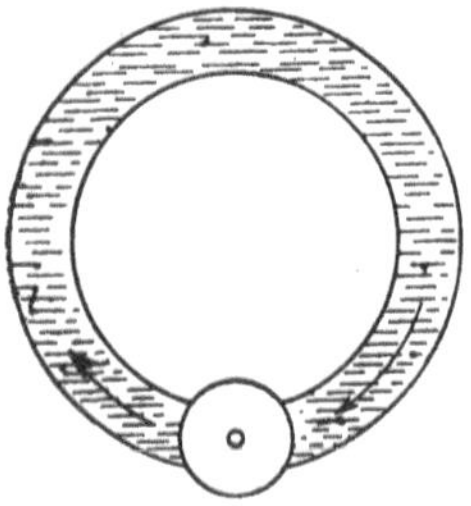

Abb. 9. Kreislauf des Wassers (Stromkreis), hervorgerufen durch eine Pumpe.

Einen solchen Kreislauf durchwandern auch die Elektronen, wenn sie von der

Stromquelle ausgehen, durch die Hinleitung zur Lampe fließen und durch die Rückleitung wieder zurückkehren.

Stromquelle, Hinleitung, Glühlampe und Rückleitung bilden einen **Stromkreis** (Abb. 10).

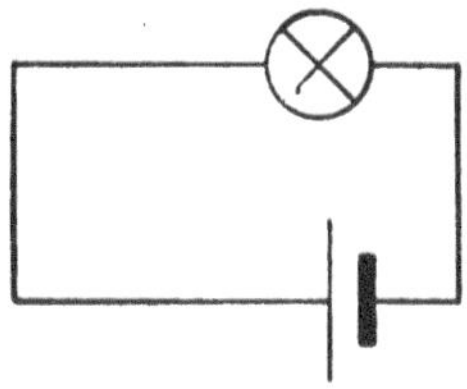

Abb. 10. Schaltplan eines Stromkreises mit Stromquelle und Glühlampe.

Die Elektronen wandern im Leiter sehr langsam. Wie kommt es aber, daß die elektrische Lampe sofort aufglüht, wenn am Lichtschalter der Strom eingeschaltet wird? Dies geschieht sogar, wenn Lichtschalter und Lampe sehr weit voneinander entfernt sind.

An einem Beispiel läßt sich der Vorgang verständlich machen:

Eine Kolonne hält auf einer Straße. Jetzt kommt von hinten durch ein Signal der Befehl „Weitermarschieren!" Die Kolonne setzt sich sofort in Bewegung.

Genau so ist es mit den Elektronen im Draht. Der **Bewegungsantrieb**, der die Elektronen in Bewegung setzt, wird sehr schnell weitergegeben, er legt in der Sekunde die unvorstellbare Strecke von 300 000 Kilometern zurück.

Gleich- und Wechselstrom

Beim Kauf elektrischer Geräte, z. B. eines Rundfunkempfängers, wird zunächst gefragt, **welche Stromart** im Hause ist, ob Gleich- oder Wechselstrom.

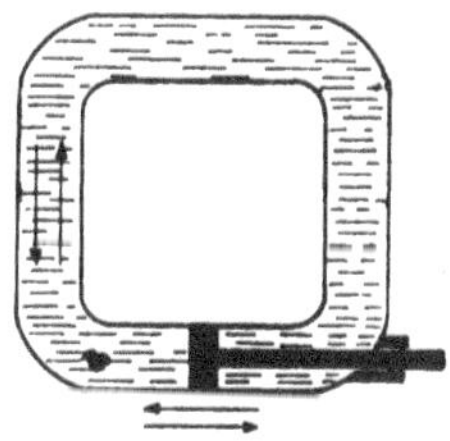

Abb. 11. Wenn der Kolben hin- und hergeht, ändert der Wasserstrom in der Leitung dauernd seine Richtung. Wechselstrom!

Der Unterschied der beiden Stromarten wird schon durch den Namen angedeutet. **Bei Gleichstrom** wandern die Elektronen immer **gleichmäßig in derselben Richtung**, ähnlich wie das Wasser in der Wasserleitung oder das Gas in der Gasleitung.

Man kann aber auch die Elektronen in einer Leitung hin- und herschicken, etwa wie man Wasser in einer Leitung (Abb. 11) durch einen Kolben hin- und herbewegen kann. So entsteht ein **Wechselstrom.** Die beiden Pole wechseln dauernd ihre Rolle, und die Elektronen wandern während eines Augenblickes in der einen und im nächsten Augenblick in der andern Richtung.

Dieser Richtungswechsel kann in der Sekunde viele Male erfolgen.

Der Wechselstrom des Elektrizitätswerkes fließt in der Sekunde fünfzigmal hin und her, wechselt also hundertmal seine Richtung. Es gibt Wechselströme, bei denen dies in der Sekunde viele Millionen Male geschieht.

Das Schaltzeichen für Gleichstrom ist —, für Wechselstrom ∼.

Stromstärke

Ein Maß für die Stärke des Menschenstromes in einer Straße kann man erhalten, wenn man die Leute zählt, die in der Minute vorübergehen. Genau so könnte man die Stärke des elektrischen Stromes durch die Zahl der Elektronen bestimmen, die in der Minute oder Sekunde an einer Stelle des Drahtes vorbeilaufen.

Diese Art der Stromstärkemessung wäre allerdings sehr unbequem, weil die Zahl der vorbeiwandernden Elektronen sehr groß ist. Sie ist zudem auch praktisch unmöglich, weil man die einzelnen Elektronen nicht sehen kann.

Der elektrische Strom bringt aber bestimmte meßbare Wirkungen hervor, die an geeigneten Meßgeräten beobachtet werden können. Solche *Meßgeräte* werden *zur Messung der Stromstärke* benutzt.

Zur Messung benötigt man außer dem Meßgerät eine **Maßeinheit.** Wie man als Maßeinheit der Länge das Meter oder als Maßeinheit des Gewichtes das Kilogramm festgelegt hat, so hat man als Einheit der Stromstärke das **Ampere** gewählt.

Die Einheit ist zu Ehren eines französischen Physikers Ampère benannt worden.

Abgekürzt wird Ampere mit A; 10 A wird also gelesen: 10 Ampere.

Für schwache Ströme ist das Ampere unpraktisch. Sie werden deshalb in **Milliampere** (mA) angegeben. (1000 Milliampere sind 1 Ampere). Man mißt ja auch kleine Gegenstände in Millimeter statt in Meter.

Übersicht über Stromstärken

Straßenbahn . . . . etwa 100 A
Glühlampe . . . . etwa 0,1—0,3 A
Taschenlampe . . . . etwa 0,2 A
Kopfhörer . . . . etwa 0,01 mA

Die Geräte zur Strommessung heißen **Amperemeter.**

Wenn durch ein Amperemeter ein Strom fließt, so zeigt der Zeiger auf der Teilung die Stromstärke in Ampere an (Abb. 12).

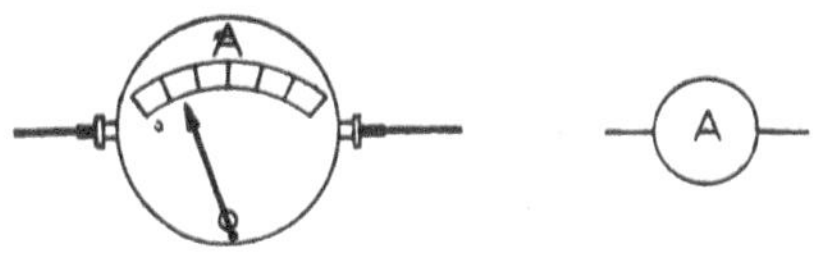

Abb. 12. Schaltbild eines Amperemeters.

Wie es verschiedene Sorten von Maßstäben gibt, die verschiedene **Meßbereiche** haben (Bandmaß von 20 m, Metermaß von 1 m), so gibt es auch Amperemeter mit verschiedenen Meßbereichen. Mit einem Amperemeter, das den Meßbereich 0—500 mA hat, darf man nicht etwa einen Strom von 5 A messen wollen. Umgekehrt ist ein Amperemeter vom Meßbereich 0—10 A ungeeignet zur Messung eines kleinen Stromes von vielleicht 10 mA.

Der Meßbereich des Amperemeters muß der zu messenden Stromstärke angepaßt sein.

Um nicht verschiedene Geräte benutzen zu müssen, hat man heute auch Amperemeter gebaut, deren Meßbereich durch geeignete Vorrichtungen verändert werden kann. (Vgl. S. 91.)

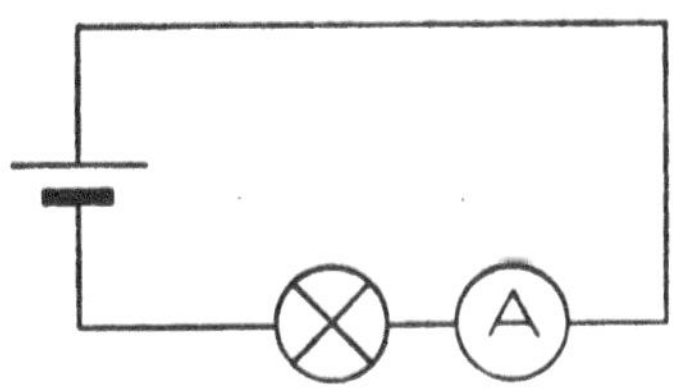

Abb. 13. Stromkreis mit Sammler, Glühlampe und Strommesser.

Grundsatz bei Strommessungen ist, daß zuerst der größte Meßbereich eingeschaltet wird, damit die Geräte keinen Schaden leiden.

Um die Stromstärke zu messen, wird das Amperemeter in den Stromkreis **„geschaltet"**, wie Abb. 13 zeigt. [4]

In der Fachsprache nennt man das Zusammensetzen von elektrischen Leitungen und Geräten kurz **„schalten"**, so wie man das Zusammensetzen von Bausteinen „bauen" nennt. Den fertigen Zusammenbau der Geräte und Leitungen nennt man eine **„Schaltung"**.

Das Wort schalten wird aber auch noch in einem anderen Sinne gebraucht. Man spricht von **Einschalten** oder **Ausschalten**, wenn man durch einen **„Schalter"** einen Strom schließt oder öffnet.

Schaltet man jetzt ein Amperemeter in die Hinleitung und ein zweites in die Rückleitung (Abb. 14), so zeigen beide denselben Ausschlag. [5]

Die Stromstärke ist im ganzen unverzweigten Stromkreis dieselbe.

Es ist verständlich, daß ebensoviele Elektronen durch die Rückleitung zurückfließen müssen wie durch die Hinleitung zufließen, da sich sonst die Elektronen an einer Stelle stauen würden.

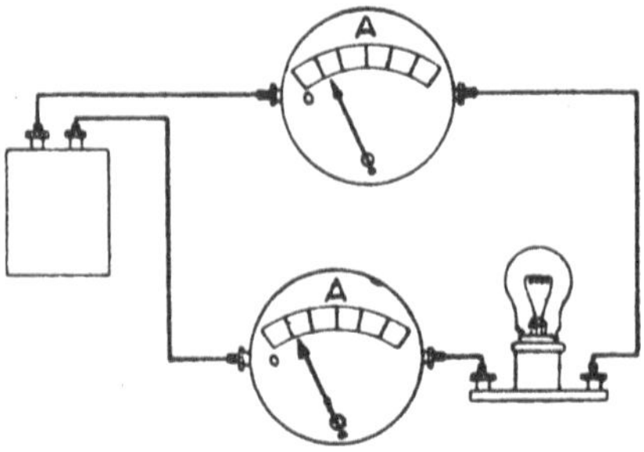

Abb. 14 a. Amperemeter in der Hin- und Rückleitung.

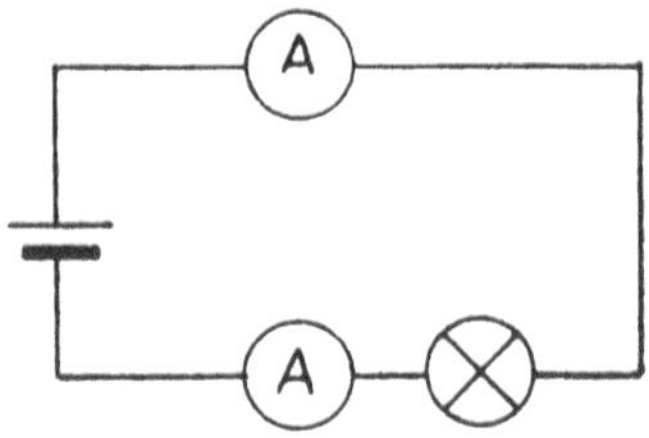

Abb. 14 b. Schaltplan zu Abb. 14 a.

Stromverzweigung

Eine Wasserleitung verzweigt sich häufig in mehrere Leitungen, um verschiedene Stellen mit Wasser versorgen zu können. Auch eine elektrische Leitung kann verzweigt werden.

Abb. 15 zeigt zwei Glühlampen, die nebeneinandergeschaltet sind **(Parallelschaltung).** [6]

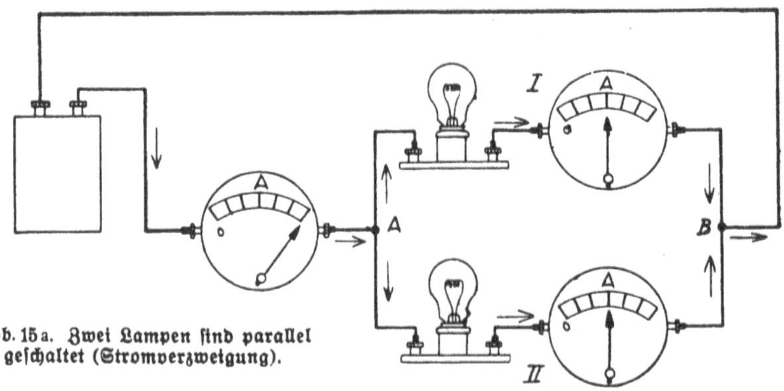

Abb. 15 a. Zwei Lampen sind parallel geschaltet (Stromverzweigung).

Im Punkt A verzweigt sich der Strom. Ein Teil des Stromes fließt durch I, ein Teil durch II.

In B vereinigen sich beide Ströme wieder.

Mißt man die Stromstärke vor dem Punkte A in der Leitung und in jeder der beiden Zweigleitungen, so findet man, daß die Stromstärke im unverzweigten Teil so groß ist wie die Summe der Stromstärken in den Zweigen.

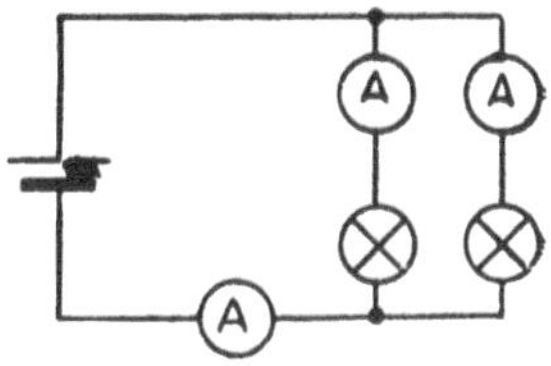

Abb. 15b. Schaltplan für Parallelschaltung der Glühlampen.

Schalter

Eine marschierende Kolonne wird durch eine Schranke zum Halten gebracht. Die Straße ist gesperrt. Der Weg der wandernden Elektronen kann gesperrt werden, indem man die Leitung unterbricht. Zwischen den Drahtenden befindet sich dann Luft, also ein Nichtleiter: der Stromkreis ist **„geöffnet"**.

Wird die metallische Verbindung an der Stelle wieder hergestellt, so wird der Stromkreis **„geschlossen"**.

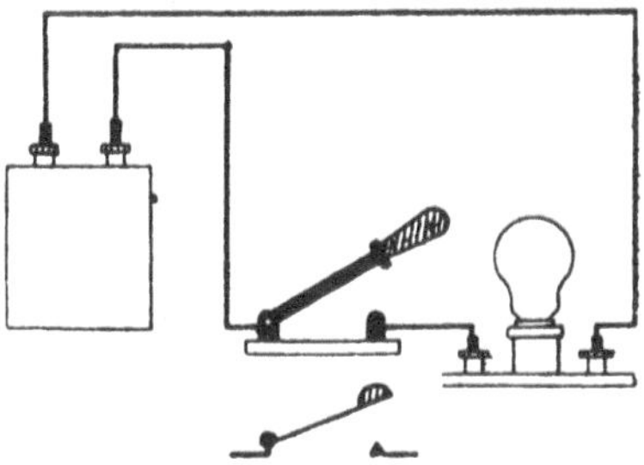
Abb. 16. Der Schalter öffnet und schließt den Stromkreis.

Um das Öffnen und Schließen eines Stromkreises nach Bedarf vornehmen zu können, wird in die Leitung ein **Schalter** gelegt (Abb. 16).

Abb. 17a zeigt einen „Hebelschalter". Ist er ausgeschaltet, so ist der Stromkreis geöffnet, der Strom unterbrochen. Wird der Hebel heruntergedrückt und eingeschaltet, so ist der Stromkreis geschlossen, der Strom fließt.

Oft ist es erforderlich, das Ein- und Ausschalten gleichzeitig für die Hin- und Rückleitung durchzuführen. Dieses geschieht durch einen zweipoligen Schalter (Abb. 17b).

Es gibt auch noch andere Bauarten für Schalter. Abb. 18a und b zeigt einen Drehschalter. Durch Drehen eines Metallbügels wird die Verbindung zwischen den beiden Klemmen des Schalters hergestellt und unterbrochen.

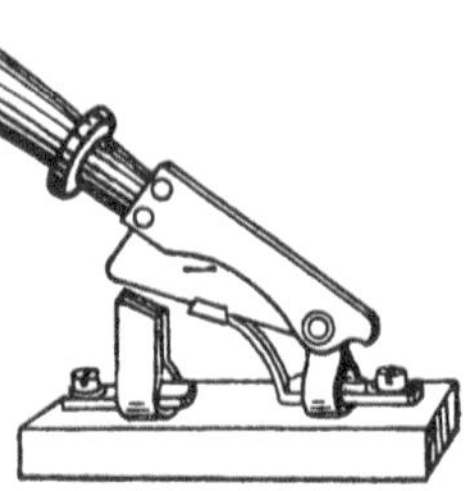

Abb. 17a. Einpoliger Hebelschalter.

Abb. 17b. Zweipoliger Hebelschalter.

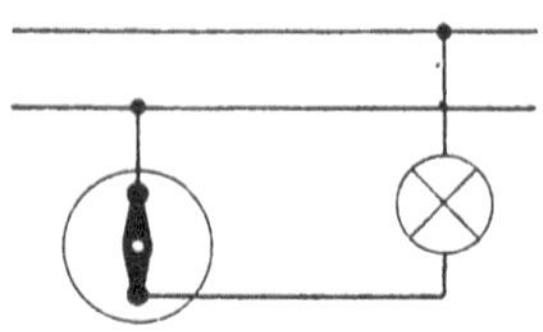

Abb. 18a.

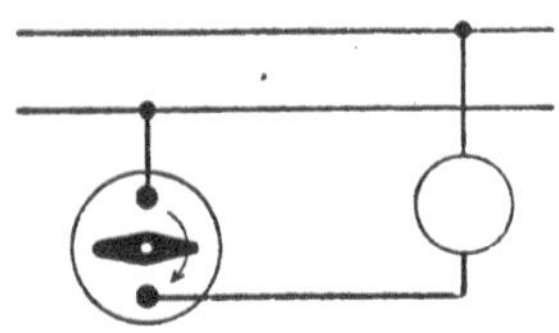

Abb. 18b.

Wirkungsweise eines Drehschalters (a = ein, b = aus).

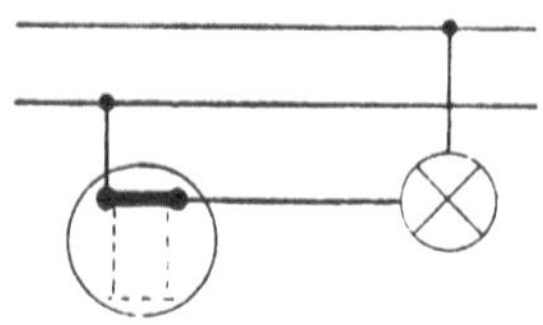

Abb. 19a.

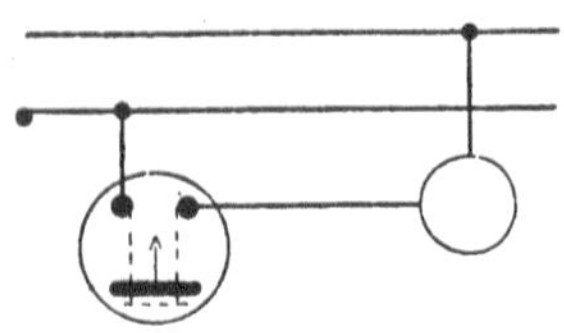

Abb. 19b.

Wirkungsweise eines Kippschalters (a = ein, b = aus).

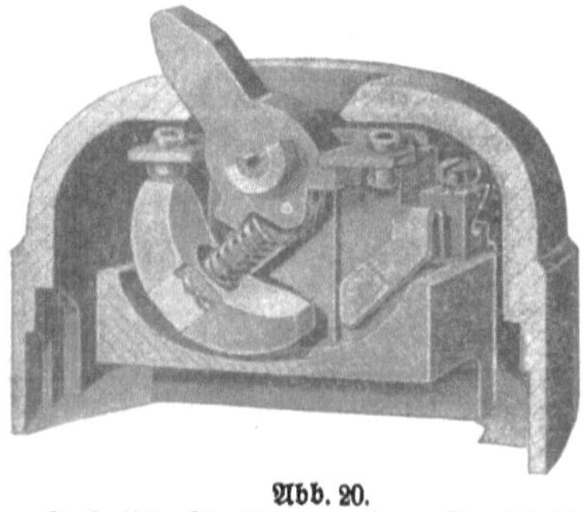

Abb. 20.
Technische Ausführung eines Kippschalters.

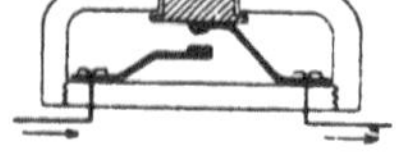

Abb. 21.
Druckknopfschalter.

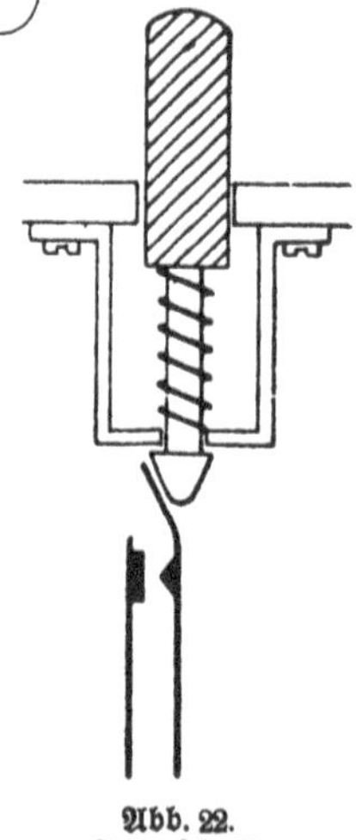

Abb. 22.
Federschalter.

Abb. 19 zeigt den Vorgang in einem *Kippschalter*. Das Metallstück wird durch einen Kipphebel an die beiden Klemmen gepreßt oder nach der anderen Seite umgelegt und dadurch der Stromkreis unterbrochen. Abb. 20 zeigt die technische Ausführung eines solchen Kippschalters.

Die einfachste Form eines *Druckknopfschalters*, die bei Klingelleitungen und einfachsten Signalanlagen verwendet wird, zeigt Abb. 21.

Eine weitere Ausführungsart eines Schalters zeigt Abb. 22, die vielfach in der Fernmeldetechnik bei Fernsprechgeräten angewendet wird. Durch Druck auf den oberen Knopf werden die beiden *Schaltfedern* zur Berührung gebracht, und dadurch wird der Stromkreis geschlossen.

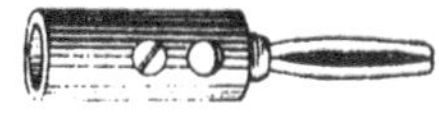

Abb. 23. Bananenstecker.

Die *metallischen Verbindungen* zweier Leiterstücke untereinander und mit den Geräten müssen sorgfältig hergestellt werden. Ein Leiter muß den anderen Leiter fest berühren.

Abb. 24. Verbindungsbuchse.

Sind die Verbindungsstellen locker, so kann bei einer Erschütterung die Verbindung sich lösen und der Strom wird unterbrochen; bei der nächsten Erschütterung tritt dann die Verbindung wieder ein. So entsteht ein **Wackelkontakt.**

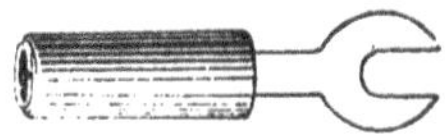

Abb. 25. Polschuh.

Man vermeidet Wackelkontakte, indem man entweder die Verbindungen fest *verlötet* oder die Drahtenden mit Klemmen *zusammenklemmt*.

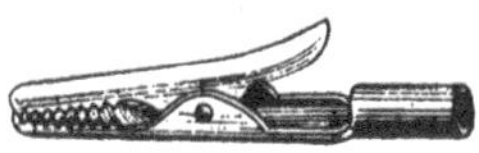

Abb. 26. Krokodilklemme.

Eine andere Art der Leitungsverbindung besteht aus **Steckern und Buchsen,** die ineinander gesteckt werden (Abb. 23, 24). Zur Verbindung der Leitungen mit den Schraubklemmen von Geräten werden die Drahtenden häufig mit Polschuhen versehen (Abb. 25).

Zu schnellen Verbindungen brauchbar sind sog. *Krokodilklemmen* (Abb. 26). Die Hülse dient zum Einstecken eines „Bananensteckers", während mit der Klemme an jeder Metallstelle eine Verbindung hergestellt werden kann.

Schaltzeichen

Bisher sind die Schaltungen zu den Versuchen und Erscheinungen in **schematischer Darstellungsweise** abgebildet worden. Für die Elektrotechnik sind solche Abbildungen, die die Geräte im Schnitt oder in der Aufsicht zeigen, zu umständlich und auch nicht übersichtlich genug.

Deshalb hat man die Darstellungsart von Schaltungen weiter vereinfacht. An Stelle der einzelnen Geräte und Schaltelemente treten sogenannte **Schaltzeichen.** Mit Hilfe dieser Schaltzeichen werden Schaltungen sehr übersichtlich.

Jedoch erfordert das Lesen derartiger Schaltzeichen Übung. Es sind zu diesem Zweck vielfach **zu den schematischen Bildern die entsprechenden Schaltzeichen und die zugehörigen Schaltungen hinzugefügt.** (Vgl. Abb. 5, 6, 8, 10, 13, 14b, 15b). Eine Übersicht über die Schaltzeichen befindet sich am Ende des Buches.

Wie liest man Schaltpläne?

Beim Verfolgen eines Stromkreises beginnt man meistens bei dem einen Pol der Stromquelle. Hierbei ist es gleichgültig, in welcher Richtung man die Leitung verfolgt, ob man von Minus nach Plus oder von Plus nach Minus geht.

Abb. 27. Schaltzeichen für Leitungskreuzung ohne leitende Verbindung.

Abb. 28. Schaltzeichen für Leitungskreuzung mit leitender Verbindung.

Die Hauptsache ist, daß der Stromkreis geschlossen ist. Man muß am Ende wieder zu dem anderen Pol zurückkehren. In der Funktechnik ist es zweckmäßig, vom Minuspol auszugehen, weil man dort fast immer den Lauf der Elektronen verfolgt. In der Elektrotechnik im allgemeinen geht man meistens vom Pluspol aus.

Wenn sich zwei Leitungen kreuzen, ohne an der Kreuzungsstelle verbunden zu sein, so werden die Striche im Schaltplan glatt durchgezogen (Abb. 27). *Eine elektrische Verbindung* der Leitungen wird *durch einen Punkt* auf der Kreuzungsstelle angedeutet. (Löttropfen, Abb. 28.)

Bei allen Schaltungen muß man immer darauf achten, daß zum Schutz der Geräte und der Stromquelle ein *Schalter* vorgesehen ist und bei empfindlichen Meßinstrumenten und Versuchen auch eine Sicherung in den Stromkreis eingebaut wird.

Richtung des elektrischen Stromes

Durch die wissenschaftliche Forschung der letzten Jahrzehnte ist man zu der Erkenntnis gekommen, daß die Elektronen, die kleinsten Elektrizitätsteilchen, vom **Minuspol,** der Stelle des Elektronenüberschusses, **nach dem Pluspol,** dem Ort des Elektronenmangels fließen.

Trotzdem wird heute in der Technik noch die Stromrichtung im umgekehrten Sinne, von Plus nach Minus, angegeben.

Dies hat seinen Grund in einer geschichtlichen Entwicklung. Die Bezeichnung der Pole durch Plus- und Minuszeichen geht auf einen Vorschlag des deutschen Physikers Lichtenberg vor ungefähr 150 Jahren zurück; als man das Vorhandensein eines elektrischen Stromes erkannte, aber seine Richtung noch nicht feststellen konnte, legte man daraufhin willkürlich die Stromrichtung vom Pluspol durch den Außenkreis zum Minuspol fest. (In der Stromquelle selbst fließt der Strom dann von Minus nach Plus, da er einen geschlossenen Kreislauf beschreibt.) Man wollte damals nicht einmal damit sagen, daß sich in dieser Richtung irgend etwas bewege, sondern man wollte erreichen, daß man der Darstellung der elektrischen Erscheinungen eine bestimmte Ordnung geben konnte.

Man sollte annehmen, daß nach der Erkenntnis, daß im Leiter Elektronen fließen, die alte Vorstellung berichtigt worden wäre. Das ist aber nicht einfach durch einen Befehl zu machen.

Die **Elektrotechnik** hat in der alten Richtungsbezeichnung **von Plus nach Minus** ihre ganze theoretische und praktische Entwicklung aufgebaut, hat Gesetze und Gebrauchsformeln geschaffen und diese Stromrichtung in den meisten Zweigen der Technik zugrundegelegt. Man kann diese Festsetzung nicht ohne weiteres ändern, ohne große Verwirrung und Unsicherheit zu schaffen. Darum bleibt die Elektrotechnik auch heute noch bei dieser Vorstellung, und in den technischen Schaltungen wird durchweg der Strom von Plus nach Minus angenommen. **Man muß**

sich dabei aber immer bewußt bleiben, daß damit die Richtung der wandernden Elektronen nicht gemeint ist.

Erst in jüngeren technischen Darstellungen, z. B. bei der Elektronenröhre und in Schaltungen der Funktechnik findet man zum Teil schon die neuzeitliche Darstellung der Stromrichtung von Minus nach Plus vor.

Die bestehende Uneinheitlichkeit in dieser Hinsicht muß also zur Zeit noch in Kauf genommen werden.

Lage:

In technischen Zeichnungen und bei der Erklärung elektrischer Stromvorgänge wird die Stromrichtung von Plus nach Minus angenommen.

Die Richtung des Elektronenstroms selbst ist von Minus nach Plus.

Überblick

1. **Elektronen** befinden sich in allen Körpern.
2. Im **Leiter** können die Elektronen sich fortbewegen, im **Nichtleiter** oder Isolator nicht.
3. Der **Minuspol** (negativer Pol) einer Stromquelle besitzt einen Elektronenüberschuß, der **Pluspol** (positiver Pol) Elektronenmangel.
4. Die Elektronen fließen in einem Leiter vom Minuspol zum Pluspol.
5. In der Elektrotechnik wird die Stromrichtung meistens von Plus nach Minus angenommen.
6. Bei **Gleichstrom** fließen die Elektronen dauernd in der gleichen Richtung, bei **Wechselstrom** bewegen sie sich hin und her.
7. Die **Stromstärke** wird in **Ampere** (A) gemessen; sind die Stromstärken sehr klein, so wird in Milliampere gemessen.
8. **Amperemeter** sind Strommesser. Sie können verschiedene Meßbereiche haben.

9. Das Amperemeter wird in den Stromkreis eingeschaltet, so daß der zu messende Strom hindurchgeht.

10. Die Stromstärke im unverzweigten Stromkreis ist überall die gleiche.

11. Bei einer **Stromverzweigung** ist die Summe der Einzelströme so groß wie der Gesamtstrom.

12. **Schaltungen** werden durch Schaltzeichen übersichtlich dargestellt.

2. Spannung

Wesen der Spannung

Auf elektrischen Geräten ist meistens angegeben, welche **Spannung** notwendig ist, damit sie ihre Aufgabe erfüllen können. Glühlampen tragen auf dem Sockel oder auf dem Glaskolben z. B. die Aufschrift 110 V oder 220 V. Auf manchen Taschenlampenbirnen ist 3,5 V angegeben. Die Spannung, die an den Steckdosen herrscht, ist meistenteils auf dem Zähler vermerkt. Daraus folgt schon, daß die Spannung eine überaus wichtige Rolle spielt.

Was bedeutet elektrische Spannung? Zur Erleichterung des Verständnisses diene folgender Vergleich: Zwei Gläser seien teilweise mit Wasser gefüllt. Jetzt wird aus dem rechten Rohr Wasser entfernt und dem linken Rohr zugesetzt (Abb. 29). Da die

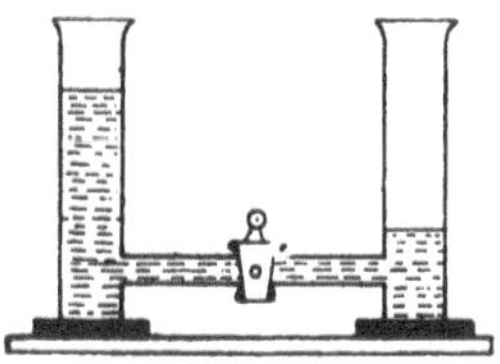

Abb. 29.
Druckunterschied zwischen zwei Wassersäulen.

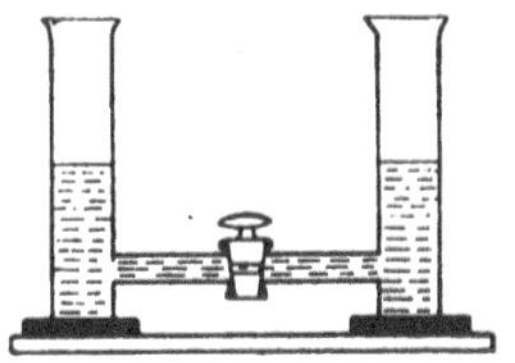

Abb. 30.
Zustand nach Öffnen des Verbindungshahns.

Wassersäule links höher steht (Wasserüberschuß) als rechts (Wassermangel), wird von links stärker auf den Hahn in dem Verbindungsrohr gedrückt als rechts. Es herrscht ein **Druckunterschied.** Werden die beiden Gefäße durch Öffnen des Hahns miteinander verbunden (Abb. 30), so bewirkt der Druckunterschied einen Strom von links nach rechts, bis der Überdruck ausgeglichen ist. [7]

Wird aber andauernd aus dem rechten Gefäß durch eine Pumpe genau so viel Wasser abgesaugt und links zugesetzt, wie durch das Rohr herüberfließt, so bleibt der Druckunterschied bestehen und der Strom fließt dauernd (Abb. 31).

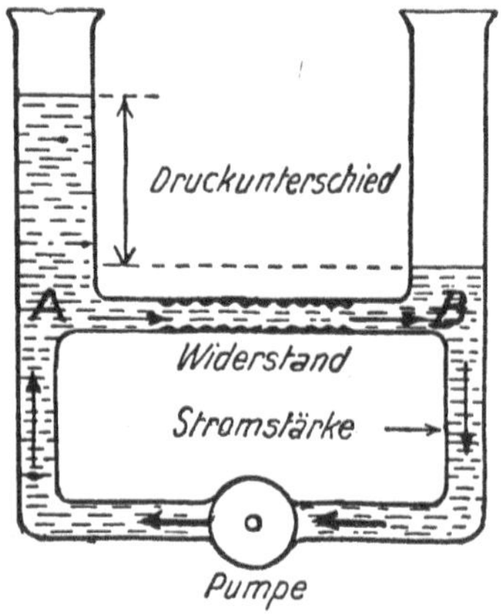

Abb. 31. Der Druckunterschied wird durch eine Pumpe aufrecht erhalten, der Wasserstrom fließt dauernd.

Ebenso herrscht zwischen der Stelle mit Elektronenüberschuß und derjenigen mit Elektronenmangel — also zwischen Minuspol und Pluspol — eine elektrische Spannung. Werden beide Stellen durch einen Leiter verbunden, **so ist die Spannung der Grund für das Zustandekommen eines Stromes.**

Volt

Als Einheit der Spannung hat man das **Volt** (abgekürzt V) festgelegt. Dies ist ungefähr die Spannung, die bei einem einfachen galvanischen Element zwischen der Zink- und Kupferplatte auftritt (vgl. S. 65). Wie beim Ampere als kleinere Einheit das mA, so wird bei kleinen Spannungen das mV (Millivolt) und als größere Einheit das kV (Kilovolt) benutzt.

Übersicht über Spannungen

Trockenelement	1,5 V
Taschenlampenbatterie	4,5 V
Lichtleitung	220 V
Straßenbahn	550 V
Elektrische Vollbahn	15 000 V
Hochspannungsfernleitung	50 000—200 000 V

Spannungsmessung

Jede Stromquelle hat also eine bestimmte Spannung. Man kann diese Spannung messen, indem man die Pole der Stromquelle mit einem **Spannungsmesser** verbindet. Dieser zeigt die Spannung unmittelbar in Volt an und wird daher **Voltmeter** genannt (Abb. 32). [8]

Es gibt Geräte, mit denen die Messung durchgeführt werden kann, ohne daß dabei ein Strom durch sie fließt. Sie sind aber wenig handlich, und darum benutzt man Meßinstrumente anderer Bauart, die einen geringen Strom benötigen (vgl. S. 88).

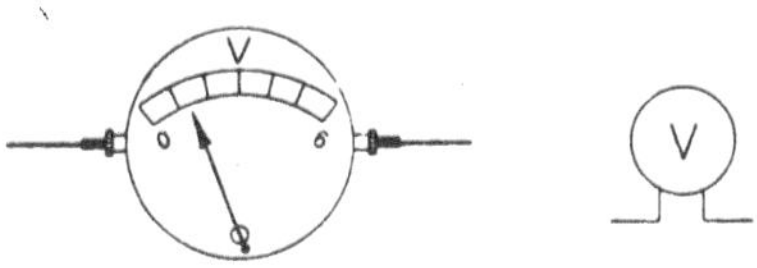

Abb. 32 a. Abb. 32 b.
Schaltbild eines Voltmeters.

Auch bei diesen Meßgeräten ist, genau wie bei den Amperemetern, auf den **Meßbereich** zu achten.

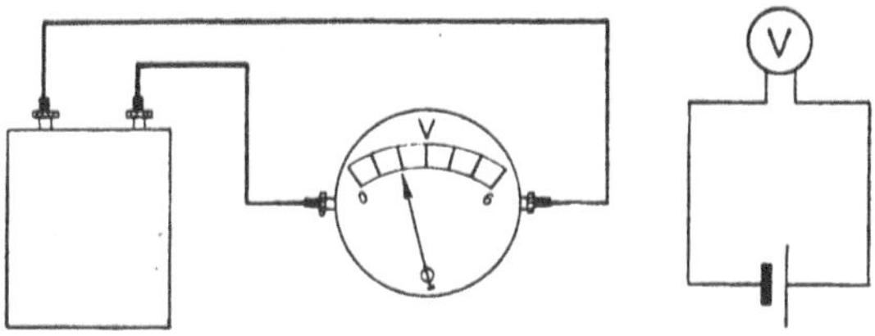

Abb. 33 a. Abb. 33 b.
Messung der Spannung einer Stromquelle.

Um beispielsweise die Spannung einer Stromquelle zu messen, wird das Voltmeter mit den Polen verbunden, wie Abb. 33 zeigt. [9]

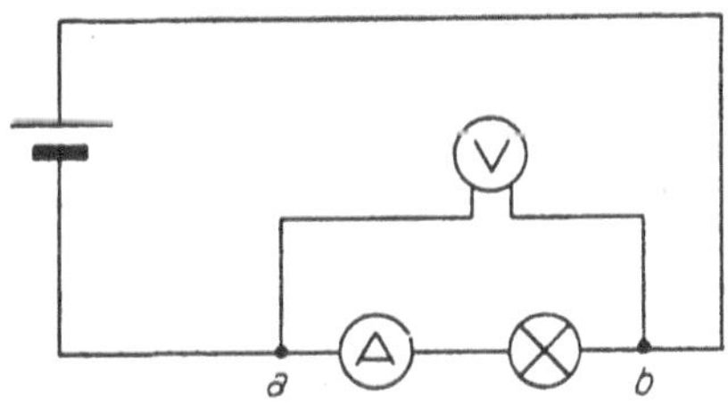

Abb. 34. Schaltung von Ampere- und Voltmeter.

Häufig muß die Spannung der Stromquelle gemessen werden, während ein Strom im Stromkreise fließt. Die Schaltung ist in Abb. 34 angegeben. Es wird hier die Spannung zwischen den Punkten a und b gemessen. Diese Spannung ist fast dieselbe, die an den Polen der Stromquelle herrscht.

Man achte besonders auf die verschiedenartige Schaltung von Amperemeter und Voltmeter.

Das Amperemeter liegt so **im** Stromkreis, daß der gesamte

Verbrauchsstrom hindurchfließt (Abb. 35). Das Voltmeter dagegen wird mit den zwei Stellen des Stromkreises verbunden, **zwischen** denen man die Spannung messen will (Abb. 36).

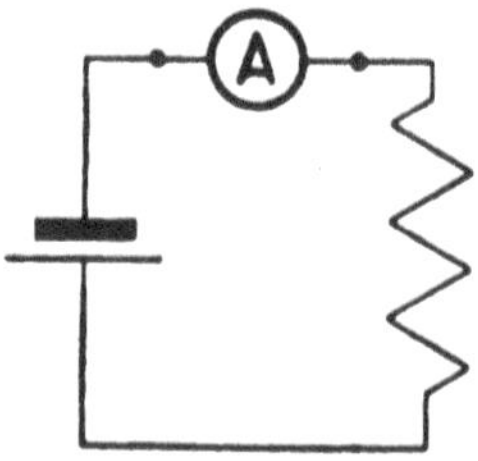

Abb. 35. Amperemeter liegt im Stromkreis.

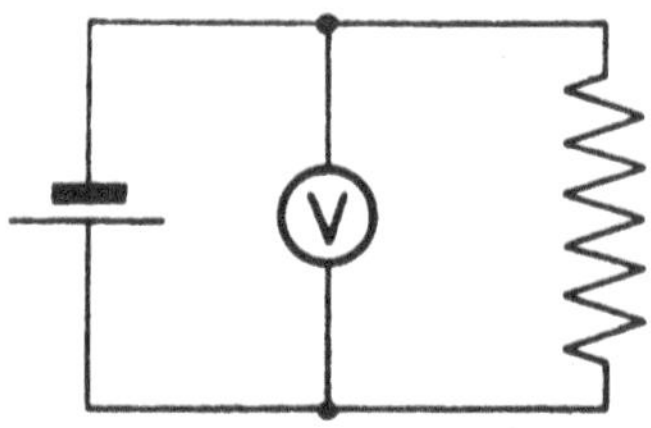

Abb. 36. Voltmeter mißt die Spannung zwischen zwei Punkten des Stromkreises.

Es sei nochmals festgehalten, daß man nur von **Spannung zwischen zwei Stellen** (zwei Polen der Stromquelle, zwei Punkten eines Stromkreises) sprechen darf. Bei einem ausgespannten Gummifaden wirkt die mechanische Spannung auch stets zwischen zwei Stellen (Abb. 37).

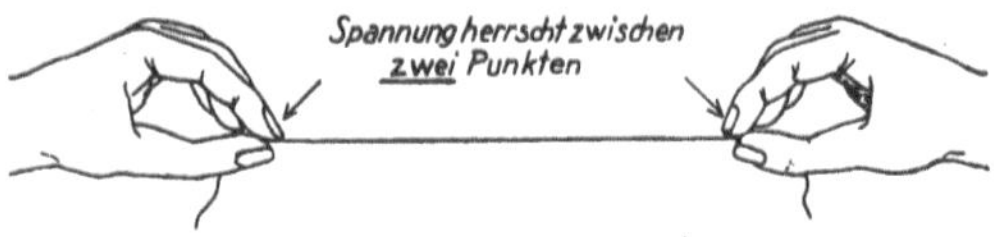

Abb. 37. Vergleich aus der Mechanik.

Spannungserhöhung

Man verbindet zwei Sammler, deren jeder 2 Volt Spannung hat, nach Abb. 38, indem man den Pluspol des ersten Sammlers

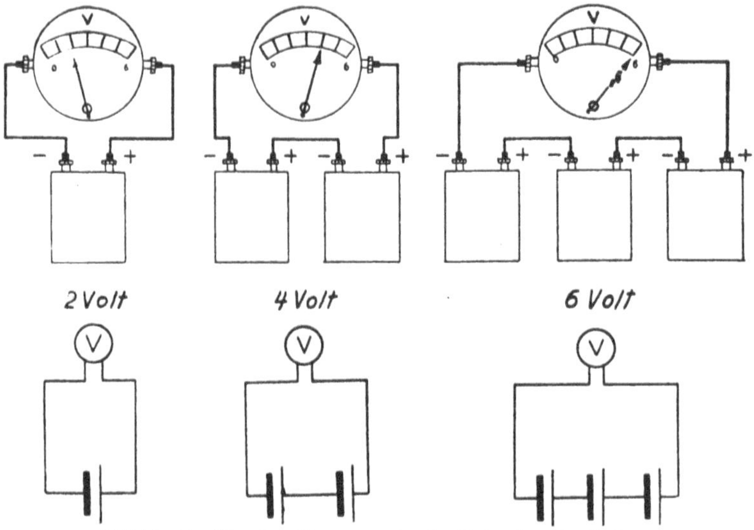

Abb. 38. Erhöhen der Spannung durch Hintereinanderschalten.

mit dem Minuspol des zweiten Sammlers verbindet. Diese Schaltung heißt **Reihen- oder Hintereinanderschaltung.** Die Spannung zwischen den beiden äußeren Polen beträgt, wie die Messung zeigt, 4 Volt. **Die Spannung der in Reihe geschalteten Sammler ist also so groß wie die Summe der Spannungen der einzelnen Sammler.** Werden drei Sammler in Reihe geschaltet, so ist die Gesamtspannung 2+2+2=6 Volt. [10]

Zusammengeschaltete Stromquellen bilden eine **Batterie.**

Sammlerbatterien werden für viele Zwecke benutzt. Die Taschenlampenbatterie enthält meist 3 in Reihe geschaltete einzelne „Elemente" (Abb. 39).

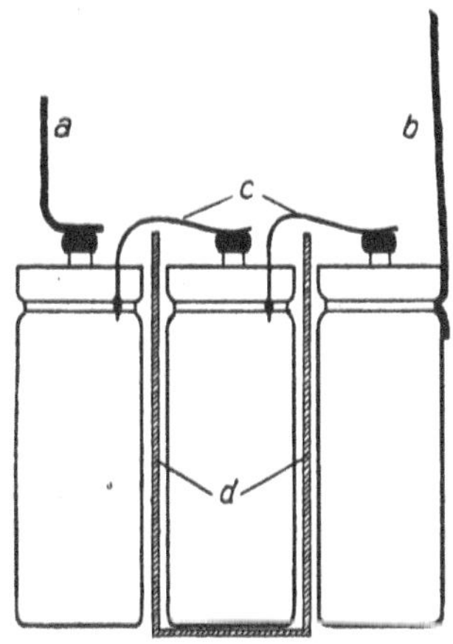

Abb. 39. Taschenlampenbatterie aus hintereinander geschalteten Elementen.

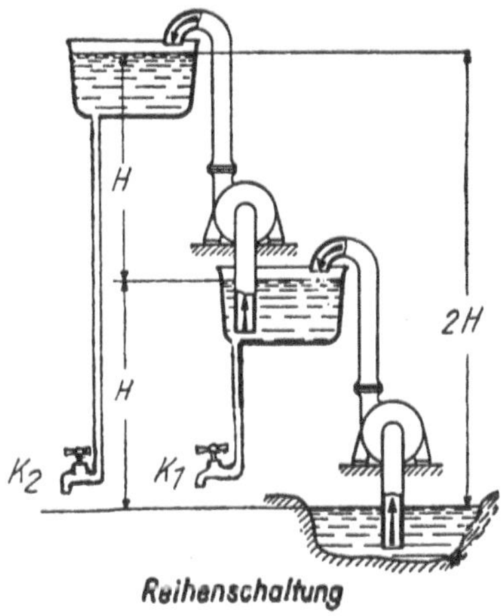

Abb. 40. Hintereinanderschaltung von zwei Wasserpumpen.

Die Isolierplatten d dienen dazu, die einzelnen Elemente elektrisch von einander zu trennen, a=Pluspol, b=Minuspol. (Vgl. S. 66.)

Bei den Anodenbatterien für Funkgeräte sind viele Elemente hintereinandergeschaltet.

Um die Wirkungsweise der Hintereinanderschaltung zu verstehen, vergleicht man die Stromquelle mit einer Wasserpumpe. In Abb. 40 pumpt die erste Pumpe das Wasser bis auf eine bestimmte Höhe H. Angenommen, daß diese Höhe 5 m beträgt. Der Wasserdruck an Wasserkran 1 hat dann eine bestimmte Größe. Nun stellt man eine zweite Pumpe auf, die das Wasser weitere 5 m hoch befördert. Beide Pumpen befördern hintereinander das Wasser auf 10 m. Der Wasserdruck an Wasserkran 2 ist doppelt so groß wie der an Wasserkran 1.

Genau so erzeugen die beiden hintereinandergeschalteten Stromquellen die doppelte elektrische Spannung einer einzigen.

Abhängigkeit zwischen Spannung und Stromstärke

Ein Kraftwagen fährt um so schneller, je größer die Antriebskraft ist; ebenso hängt die Geschwindigkeit des Flugzeugs von der Stärke seiner Motore ab. Der Wasserstrom, der aus dem Kran ausfließt, ist um so stärker, je größer der Wasserdruck ist.

Auch Spannung und Strom hängen voneinander ab.

Die Spannung ist die Ursache des elektrischen Stromes. Je größer die Spannung, die an das elektrische Gerät angelegt wird, um so größer der Strom, der hindurchfließt.

Beweis: Ein „Widerstandsdraht" AB (vgl. S. 24) wird mit den Klemmen des Sammlers verbunden (Abb. 41). Die Spannung ist 2 Volt. Die Stromstärke wird am Amperemeter abgelesen. Dann wird statt des Sammlers von 2 Volt eine Batterie von 4 Volt angeschaltet. Die Stromstärke hat sich verdoppelt. Bei 6 Volt ist die Stromstärke die dreifache derjenigen, die bei 2 Volt fließt. [11]

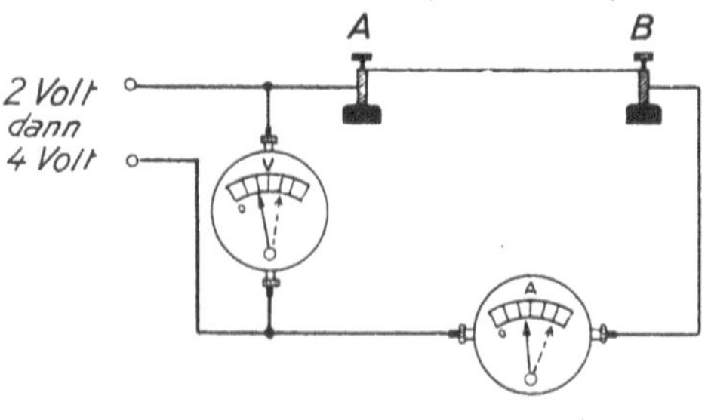

Abb. 41. Bei doppelter Spannung wird die Stromstärke doppelt so groß.

Daraus ergibt sich:

Doppelte Spannung — Doppelte Stromstärke,
Dreifache Spannung — Dreifache Stromstärke.

In gleicher Weise gilt auch:

Halbe Spannung — Halbe Stromstärke,
Ein Drittel der Spannung — Ein Drittel der Stromstärke.

Diese Gesetzmäßigkeit gilt jedoch nur, wenn jeweils derselbe Widerstandsdraht eingeschaltet ist und der Stromkreis auch sonst ungeändert bleibt.

Durch eine für 110 Volt bestimmte Lampe muß bei 220 Volt ein doppelt so großer Strom fließen als vorgesehen ist. Allerdings ist der Glühfaden der Lampe dieser Beanspruchung nicht gewachsen, er brennt durch.

Ebenso ist es mit anderen elektrischen Geräten. Die für das Gerät vorgesehene Spannung darf nicht überschritten werden. Eine niedrigere Spannung dagegen schadet dem Gerät nie etwas, nur gibt es dabei nicht sein Bestes her. Eine Glühlampe für 220 Volt an 110 Volt angeschaltet, leuchtet nur ganz schwach.

Überblick

1. Die elektrische **Spannung** wird in **Volt** gemessen, die kleinere Einheit heißt Millivolt (mV), die größere Kilovolt (kV).
2. Spannungsmesser heißen **Voltmeter**.
3. Durch **Hintereinanderschaltung** von Stromquellen wird die Spannung erhöht.
4. **Die Spannung ist die Ursache des Stromes.**
5. Je größer die Spannung, um so größer der Strom.

3. Widerstand

Begriffserläuterung

Die Stromstärke ist nicht allein von der Spannung abhängig. Durch eine Glühlampe fließt bei **gleicher Spannung** weniger Strom als durch einen „Tauchsieder“. Das kommt daher, daß die wandernden Elektronen im Leiter je nach seiner Beschaffenheit einen verschiedenen **Widerstand** finden.

Je größer der Widerstand des Leiters ist, um so geringer ist die Stromstärke.

Wovon ist der Widerstand eines Leiters abhängig?

1. Vergleicht man die Stromstärken, wenn ein Konstantandraht[1]) von 1 m Länge und dann ein Eisendraht gleicher Länge und Dicke in den Stromkreis geschaltet ist, so stellt man fest, daß die Stromstärke im ersten Fall viel kleiner ist als im zweiten. Bei einem Kupferdraht gleicher Länge und Dicke wird die Stromstärke so groß, daß der bisherige Meßbereich des Strommessers nicht mehr ausreicht. [12]

Der Widerstand des Konstantandrahtes ist also größer als der des Eisendrahtes und derjenige des Eisendrahtes größer als der

[1]) Konstantan ist eine Legierung (vergl. S. 55) von Kupfer und Nickel und wird als „Widerstandsdraht“ verwendet.

des Kupferdrahtes; d. h. Kupfer leitet besser als Eisen, Eisen leitet besser als Konstantan. Man erkennt daraus:

Der Widerstand ist vom Stoff des Leiters abhängig.

Der innere Aufbau aller Stoffe ist verschieden, und damit erklärt sich auch die Verschiedenheit des Widerstandes, den die im Leiter wandernden Elektronen erfahren.

2. Statt des eben benutzten Konstantandrahtes wird ein dünnerer gleicher Länge eingeschaltet. Die Stromstärke wird geringer. Ist der Querschnitt des Drahtes halb so groß wie eben, so ist auch die Stromstärke die Hälfte.

Ersetzt man den Draht dagegen durch einen solchen von doppeltem Querschnitt, so wird die Stromstärke doppelt so groß. [13]

Durch diese Versuche ist festgestellt:

Doppelter Querschnitt eines Leiters ergibt den halben Widerstand; halber Querschnitt den doppelten Widerstand.

Der Widerstand hängt vom Querschnitt des Leiters ab.

3. Um den Einfluß der Drahtlänge festzustellen, mißt man zunächst die Stromstärke in einem Widerstandsdraht von 1 m Länge (Abb. 42a); dann die Stromstärke in einem Widerstandsdraht gleicher Dicke von 2 m Länge (Abb. 42b). Die Stromstärke ist dann halb so groß. Der Widerstand hat sich verdoppelt. Vergleicht man mit einem Draht von $^1/_2$ m Länge, so verdoppelt sich die Stromstärke, der Widerstand ist also halb so groß. [14]

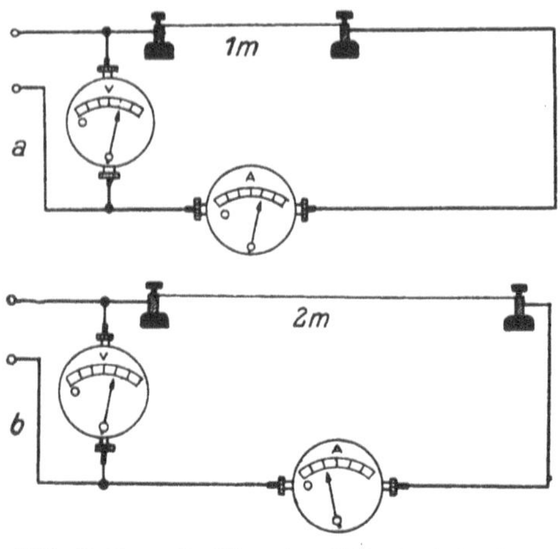

Abb. 42. Doppelte Länge des Widerstandsdrahtes = halbe Stromstärke. Die mit dickeren Strichen gezeichneten Leitungen bestehen aus starkem Kupferdraht, dessen Widerstand fast null ist.

Ergebnis:

Doppelte Drahtlänge — doppelter Widerstand.

Halbe Drahtlänge — halber Widerstand.
Der Widerstand ist von der Länge des Leiters abhängig.

Ergebnis: Der Widerstand hängt von Drahtart, Drahtdicke (Drahtquerschnitt) **und Drahtlänge ab.**

Um Widerstandsgrößen zahlenmäßig vergleichen zu können, ist auch hier genau wie bei der Stromstärke und der Spannung eine **Maßeinheit** festgelegt worden.

Die Maßeinheit des Widerstandes wird zu Ehren des deutschen Physikers Ohm, der als Erster die wichtige Rolle des Widerstandes festgestellt und die Gesetzmäßigkeit zwischen Strom, Spannung und Widerstand erkannt hat, mit **Ohm** bezeichnet (abgekürzt Ω); 10 Ω heißt also: zehn Ohm. In der nachfolgenden Tabelle ist der Widerstand von Drähten aus verschiedenem Werkstoff von 1 m Länge und 1 qmm Querschnitt angegeben **(Artwiderstand)**

Widerstandstafel

Silber	0,016	Eisen	0,1—0,2
Kupfer	0,017	Blei	0,21
Aluminium	0,032	Konstantan	0,49
Zink	0,061	Chromnickel	1,06
Messing	0,07—0,09	Graphit	20—100

Die Größe des Widerstandes eines Leiters von bekanntem Werkstoff kann man aus der Länge und dem Querschnitt mit Hilfe der oben angegebenen Zahlen einfach berechnen.

Um auf Grund dieser Gesetzmäßigkeit den Widerstand eines Drahtes berechnen zu können, wendet man eine Rechenformel an

$$R = \frac{\varrho \cdot l}{q},$$

wobei ϱ (sprich Rho) den Artwiderstand, l die Länge in Metern und q den Querschnitt in Quadratmillimetern bedeutet. Das Ergebnis gibt dann den Widerstand in Ohm an.

Es wurde festgestellt, daß die Stromstärke um so kleiner ist, je größer der Widerstand eines Leiters ist. Man kann auch sagen, daß die Fähigkeit eines Leiters, den Strom zu leiten, um so kleiner ist, je größer sein Widerstand ist. In der Technik ist es daher häufig gebräuchlich, von **Leitfähigkeit** statt von Widerstand zu sprechen.

Als Einheit hat man das **Siemens** (S) gewählt. Sie steht in engem Zusammenhang mit dem Ohm. Die *Leitfähigkeit* ist *die Umkehrung (Kehrwert) des Widerstandes*, also

2 Ω entspricht $^1/_2$ S
$^1/_3$ Ω entspricht 3 S.

Tafel von Leitfähigkeiten

Ein Draht von 1 qmm Querschnitt besitzt ein Ohm bei einer Länge von

Silber	63 m
Kupfer	59 m
Aluminium	33 m
Zink	17 m
Messing	12—15 m
Eisen je nach Art	5—10 m
Konstantan	2 m
Chromnickel	0,9 m
Graphit	0,05—0,01 m

Spannung, Stromstärke, Widerstand

Alle oben erörterten Vorgänge und Erscheinungen zeigen, daß zwischen Stromstärke, Spannung und Widerstand eine bestimmte Abhängigkeit besteht. Je höher die Spannung, um so größer die Stromstärke. Je größer der Widerstand, um so kleiner die Stromstärke.

Bei gleichbleibendem Widerstand gilt:

Doppelte Spannung — doppelte Stromstärke,
halbe Spannung — halbe Stromstärke usw.

Bei gleichbleibender Spannung gilt:

Doppelter Widerstand — halbe Stromstärke,
halber Widerstand — doppelte Stromstärke.

Die ausgedrückte Gesetzmäßigkeit wird als **Ohmsches Gesetz** bezeichnet. Es ist von größter Wichtigkeit für das Verständnis der gesamten Elektrizitätslehre.

Mit Hilfe des Ohmschen Gesetzes läßt sich von den drei Größen — Spannung, Stromstärke und Widerstand — die eine berechnen, wenn die Größe der beiden anderen bekannt ist. Es gilt: Stromstärke gleich Spannung dividiert durch Widerstand.

Ampere = Volt : Ohm.

Durch ein Gerät, das 1 Ω Widerstand hat und an dessen Enden eine Spannung von 1 V angelegt ist, fließt ein Strom von 1 A.

Es ist üblich, noch weiter abzukürzen. Die Stromstärke wird mit J, die Spannung mit U und der Widerstand mit R bezeichnet. Es heißt

$$J = U : R \text{ oder } J = \frac{U}{R}$$

Beispiele: Eine Glühlampe für 220 V hat 1000-Ω-Widerstand. Die Stromstärke ist 0,22 A.

Ein Tauchsieder für 220 V hat 100 Ω Widerstand; die Stromstärke ist 2,2 A.

Ein Kopfhörer hat 2000 Ω Widerstand. Werden 4 V Spannung angeschaltet, so fließen hindurch: 0,002 A.

Formen technischer Widerstände

Für Fernmeldeleitungen, Hochspannungsfreileitungen oder Erdkabel, die die Städte mit Strom versorgen, kurz, für alle jene Leitungen, die einen möglichst geringen Widerstand haben sollen, ist Kupfer das geeignetste Material. Da Deutschland seinen Kupferbedarf bei weitem nicht aus eigenen Erzlagern decken kann, sondern aus dem Ausland einführen muß, werden jetzt vielfach Aluminium und Aluminiumlegierungen als Leitungsmaterial genommen. Die geringere Leitfähigkeit des Aluminiums wird wettgemacht durch einen größeren Leitungsquerschnitt.

Widerstand in Leitungen ist meistens unerwünscht, weil er Verluste hervorruft.

Jedoch muß im Stromkreis ein bestimmter Widerstand vorhanden sein, um den Strom auf einen vorgeschriebenen Wert herabzudrücken. Häufig hat das Verbrauchsgerät selbst ausreichenden Widerstand, deshalb können z. B. Glühlampe, Tauchsieder, Bügeleisen unmittelbar angeschlossen werden. Andernfalls muß ein besonderer Widerstand vorgeschaltet werden.

In der Elektrotechnik ist es oft notwendig, bei gegebener Spannung eine gewünschte Stromstärke einstellen zu können. Dies erreicht man durch **regelbare Widerstände.** Als Widerstandsdraht dienen dabei geeignete Drahtarten, die großen Widerstand haben, wie z. B. die Metallegierungen Konstantan, Nickelin oder andere Werkstoffe. Als Träger des Drahtes dienen glatte oder geriefte Ton-, Porzellan- oder Keramikrohre oder -streifen.

Bringt man, wie in Abb. 43 dargestellt, über der Widerstandsspule einen Schieber an, der in metallischer Berührung über den Widerstandsdraht schleift, so entsteht ein **Schiebewiderstand.** Man kann durch den Schieber ein längeres oder kürzeres Stück des

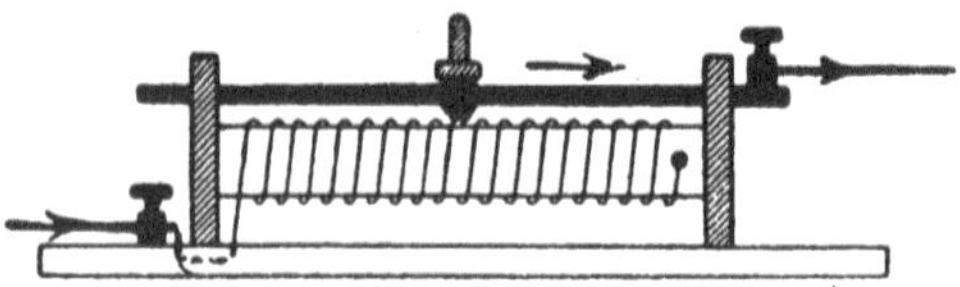

Abb. 43.
Weg des Stromes durch einen Schiebewiderstand.

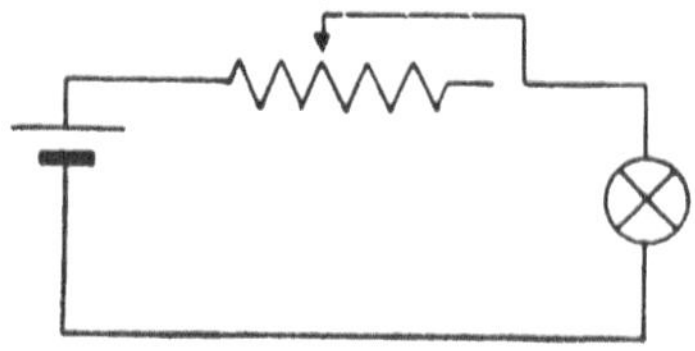

Abb. 44. Anwendung eines Schiebewiderstandes zur Abdunkelung einer Glühlampe.

Widerstandsdrahtes einschalten, der Strom fließt dann durch den Widerstandsdraht nur bis zu der Stelle, die der Schieber berührt, von hier aus über den Schieber durch die Metallstange weiter zu dem an der Stange angeklemmten Leitungsdraht. Schaltet man nach Abb. 44 z. B. einen Stromkreis aus Sammler, Schiebewiderstand und Glühlampe, so kann man durch Vergrößerung oder Verkleinerung des Widerstands die Helligkeit der Lampe regeln. [15]

Abb. 45 zeigt die technische Ausführung eines Schiebewiderstandes. Eine andere Bauart eines Regelwiderstandes,

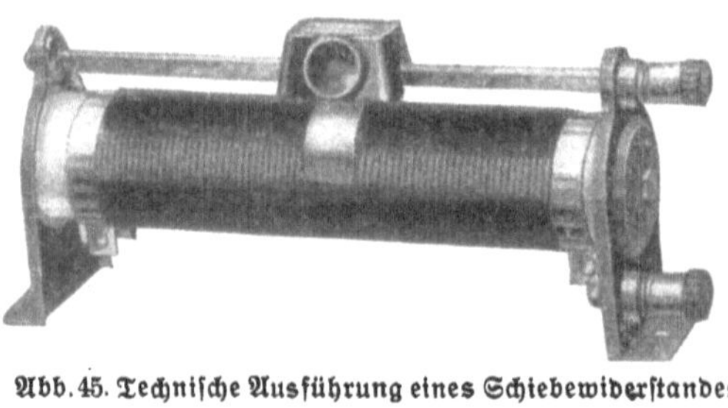

Abb. 45. Technische Ausführung eines Schiebewiderstandes.

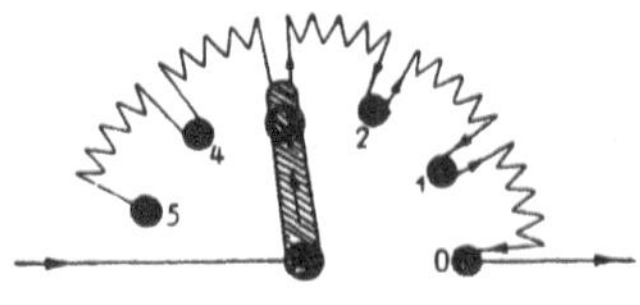

Abb. 46.
Kurbelwiderstand.

einen sog. **Kurbelwiderstand,** zeigt Abb. 46. Durch Drehen des Kurbelschalters über die Kontakte 1—5 werden immer größere Längen des Widerstandsdrahtes eingeschaltet.

Auch das im Fernsprechwesen viel gebrauchte **Mikrophon** ist im Grunde nichts anderes als ein *Regelwiderstand besonderer Bauart*, dessen Aenderung durch den Schall der Stimme oder den Ton eines Musikinstrumentes erfolgt.

Um die **Wirkungsweise des Mikrophons** zu erklären, legt man nach Abb. 47 zwischen zwei Metallplatten eine Schicht von Kohlekörnern. Die beiden Metallplatten verbindet man über ein Amperemeter mit einer Stromquelle. Drückt man auf die Platten, so erhöht sich die Stromstärke, läßt der Druck nach, so wird die Stromstärke wieder geringer. [16]

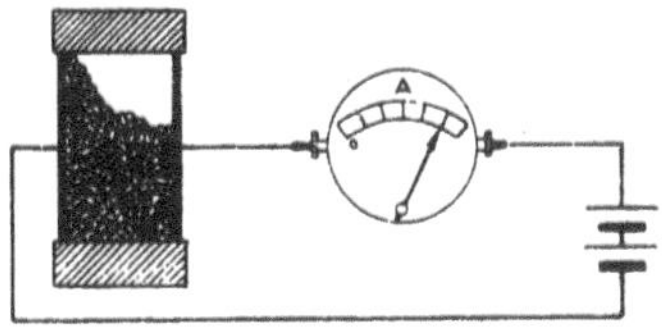

Abb. 47. Modell und Schaltung eines Mikrophons.

Die Kohlekörner leiten den Strom. Durch die *lockere Berührung* der einzelnen Körner hat das Mikrophon einen beträchtlichen Widerstand. Der Widerstand der Kohlekörnerschicht wird geringer, wenn die Körner fester aneinandergedrückt werden, der Strom kann dann besser von einem Korn zum anderen fließen. Eine technische Ausführung dieses Mikrophons zeigt Abb. 48.

Das Mikrophon, das in der Fernmeldetechnik gebraucht wird, besteht, wie Abb. 49 zeigt, aus einer Kapsel, die teilweise mit Kohlekörnern (unter Kohle ist hier nicht etwa Steinkohle, sondern chemisch reine bzw. fast reine Kohle verstanden!) gefüllt ist. Die Kapsel ist durch eine *dünne Kohleplatte* (Membran) abgeschlossen, an der die Kohlekörner lose anliegen. Der Strom fließt von der Platte durch die Kohlekörner zur Rückwand der Kapsel.

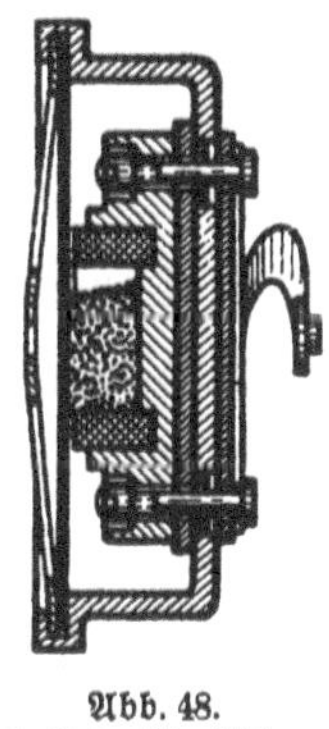

Abb. 48. Technische Ausführung eines Mikrophons.

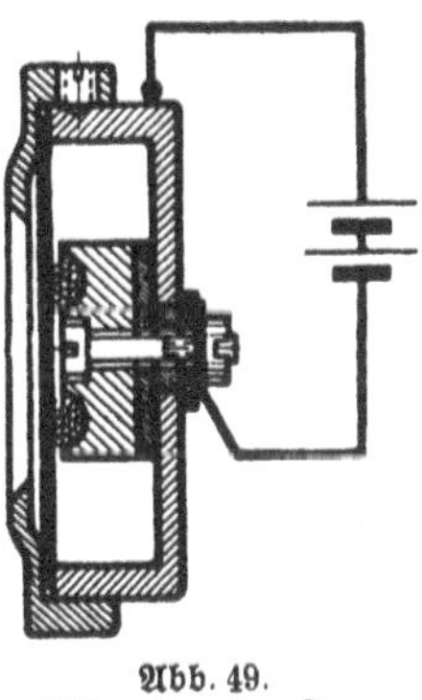

Abb. 49. Mikrophon der Fernmeldetechnik.

Das Mikrophon muß senkrecht gehalten werden. Hält man es waagerecht, dann berühren die Körner die Membran nicht

(Abb. 50) und ein Strom kann nicht fließen. Wird dieser Fehler gemacht, was häufig bei Handapparaten vorkommt, so ist beim Fernsprechen keine Verständigung möglich[1]).

Abb. 50. Bei horizontaler Haltung des Mikrophons kann kein Strom fließen, da die Kohlekörner die Kohleplatte nicht berühren.

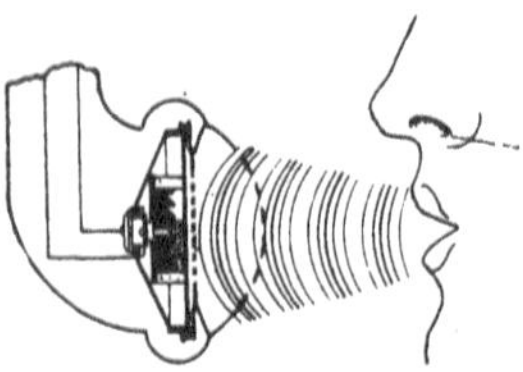

Abb. 51. Auftreffen der Schallwellen auf die Kohleplatte des Mikrophons.

Beim Sprechen werden nun aufeinanderfolgende Verdichtungen und Verdünnungen der Luft erzeugt, die sich als Schallwellen fortpflanzen. Durch die auftreffende Luftverdichtung wird die Membran nach innen gewölbt, die Kohlekörner werden zusammengedrückt, die Stromstärke steigt (Abb. 51). Durch die nachfolgende Verdünnung der Luft wird die Membran nach außen gezogen, die Körner liegen lockerer aneinander, die Stromstärke sinkt. Im Takte der Schallwellen wird also die Membran bewegt und im gleichen Takte die Stromstärke vergrößert und verkleinert. Die Stromstärkeschwankungen werden dann im Kopfhörer wieder in Schallwellen umgeformt (vgl. S. 81). Abb. 52 zeigt ein **Schaubild** der Änderung des Mikrophonstromes beim Auftreffen der Schallwellen.

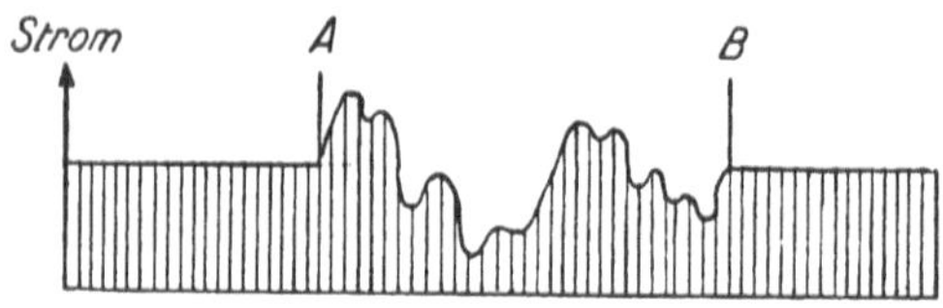

Abb. 52.
Besprechen (Modulation) des Mikrophon-Gleichstromes.

Einen sehr großen Widerstand, oft von mehreren Millionen Ohm, haben die **Hochohmwiderstände,** die in der Funktechnik eine große Rolle spielen. Diese Widerstände werden u. a. aus kohlehaltigen Stoffen hergestellt, die auf einen Porzellankörper aufgebrannt werden und mit Anschlußkontaktkappen versehen sind.

Alle Widerstände sollen eine Angabe des Ohmwertes tragen.

Schaltung von Widerständen

Zwei hintereinander geschaltete Widerstände wirken wie ein größerer Widerstand; denn die **Hintereinanderschaltung** (Abb. 53) ist ja letzten Endes nichts anderes als eine Verlängerung des Widerstandsdrahtes. Hat der erste Widerstand 20 Ω, der zweite 20 Ω, so beträgt der Widerstand beider zu-

[1]) Neuere Mikrophone zeigen diese Erscheinung nicht mehr.

sammen bei Hintereinanderschaltung 40 Ω. Bezeichnet man den ersten Widerstand mit R_1, den zweiten mit R_2, so ist der Gesamtwiderstand Rg

$$Rg = R_1 + R_2.$$

Liegt in einem Stromkreise ein Widerstand, der eine bestimmte Stromstärke zuläßt und schaltet man nunmehr einen zweiten Widerstand „parallel" (nebeneinander), dann fließt durch diesen ebenfalls Strom. Parallelschaltung bedeutet eine Vergrößerung des Leitungsquerschnittes.

Es ist so, als ob für einen Menschenstrom eine Seitenstraße, die der ersten parallel läuft, freigegeben würde. Der Verkehr wird dadurch erleichtert. Es werden durch beide Straßen mehr Menschen zum Ziele kommen, die „Stromstärke" wird größer.

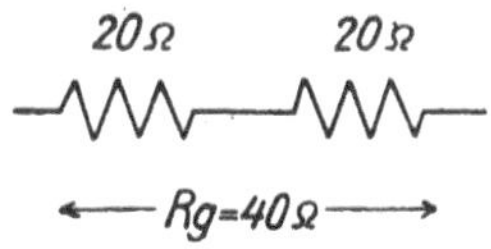

Abb. 53. Zwei Widerstände sind hintereinander geschaltet.

In derselben Weise wird der gesamte Widerstand im Stromkreis durch die Parallelschaltung des zweiten Widerstandes verringert. Es sei angenommen, daß der erste Widerstand 1 Ω habe; jetzt wird ein solcher von 10 Ω parallel geschaltet. Die beiden parallel geschalteten Widerstände bilden eine Stromverzweigung (S. 8). Durch den größeren der Widerstände fließt der kleinere Strom, durch den kleineren Widerstand fließt der größere Strom! Hat der kleinere Widerstand 1 Ω und der größere 10 Ω, so fließt durch den kleineren eine 10mal größere Stromstärke als durch den größeren. Also ist die Gesamtstromstärke größer als die der „Hauptstraße", d. h. der Gesamtwiderstand ist kleiner als der kleinste Widerstand, also kleiner als 1 Ω.

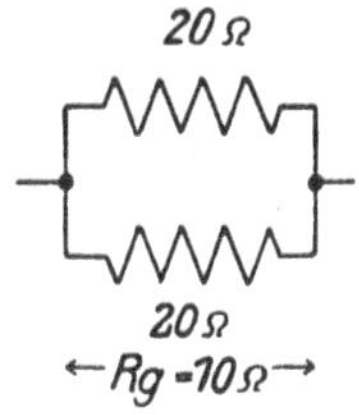

Abb. 54. Zwei Widerstände sind parallel geschaltet.

Der Gesamtwiderstand bei Parallelschaltung zweier Widerstände ist also geringer als der kleinste Widerstand. Eine genaue Berechnung des Gesamtwiderstandes ist nur für den Techniker notwendig. Die Formel sei aber angegeben:

$$\frac{1}{Rg} = \frac{1}{R_1} + \frac{1}{R_2}$$

So haben zwei parallel geschaltete Widerstände von je 20 Ω einen Gesamtwiderstand von 10 Ω (Abb. 54). [17]

Wenn man statt des Widerstandes die Leitfähigkeit einführt (vgl. S. 24), so erhält man: $Sg = S_1 + S_2$, d. h. die Gesamtleitfähigkeit ist gleich der Summe der Einzelleitfähigkeiten.

Spannungsteiler-Schaltung

Um eine Spannung abzugreifen, die nur ein Teil der Gesamtspannung ist, benutzt man die Spannungsteiler-Schaltung. Abb. 55 zeigt die Anordnung. Die gegebene Spannung liegt an den Enden eines Schiebewiderstandes AB. Zwischen dem einen Ende

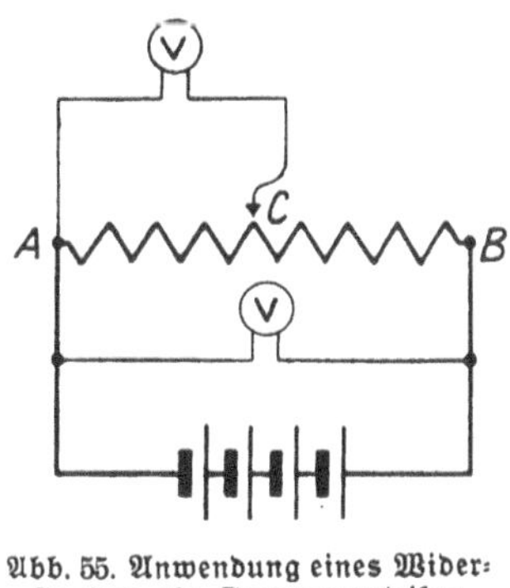

Abb. 55. Anwendung eines Widerstandes als Spannungsteiler.

dieses Schiebewiderstandes A (Anfang) und dem Läufer C liegt dann die Teilspannung. Sie ist Null, wenn der Läufer in A steht und gleich der Gesamtspannung, wenn der Läufer am anderen Ende steht. In den Zwischenstellungen ergeben sich alle möglichen Werte zwischen Null und der vollen Spannung. [18]

Überblick

1. Jeder Leiter hat einen bestimmten Widerstand.
2. **Je größer der Widerstand, um so geringer die Stromstärke.**
3. Der Widerstand hängt von **Art, Dicke** und **Länge** eines Leiters ab.
4. Maßeinheit des Widerstandes ist das **Ohm** (Ω).
5. **Leitwert** ist der Kehrwert des Widerstandes.
6. Einheit des Leitwertes ist das **Siemens** (S).
7. Zwischen Strom, Spannung und Widerstand besteht folgende Gesetzmäßigkeit: Bei gleichbleibendem Widerstand gilt: doppelte Spannung — doppelte Stromstärke. Bei gleichbleibender Spannung: doppelter Widerstand — halbe Stromstärke. **(Ohmsches Gesetz.)**
8. Zur Einstellung bestimmter Stromstärken werden **Regelwiderstände** benutzt.
9. Das **Mikrophon** ist ein veränderlicher Widerstand, dessen Veränderung durch die auf die Membran auftreffenden Schallwellen erfolgt.
10. Durch **Hintereinanderschaltung** zweier Widerstände wird der Gesamtwiderstand vergrößert, und zwar ist der Gesamtwiderstand gleich der Summe der einzelnen Widerstände.
11. Bei **Parallelschaltung** ist der Gesamtwiderstand kleiner als der kleinste der Einzelwiderstände.

4. Leitung des elektrischen Stromes

Feste Körper

Stoffe, durch die der elektrische Strom fließen kann, werden Leiter genannt. Je größer die Leitfähigkeit des Stoffes ist, um so geringer ist sein Widerstand. Wie schon gezeigt (S. 23), sind nicht alle Stoffe als Leiter einander gleichwertig. Die meisten Metalle sind gute Leiter. Kupfer leitet besser als Eisen, Eisen besser als Konstantan.

Ebenso wichtig wie die Leiter sind für die Elektrotechnik die Nichtleiter oder Isolatoren.

Gute Isolatoren sind Gummi, Glas, Glimmer, Bernstein, Porzellan, Wachs, Paraffin, ferner künstliche Harzstoffe (Pertinax, Bakelit, Trolit), keramische Massen und andere. Sie werden zum Isolieren von Leitungen gebraucht.

Zwei Drähte z. B., zwischen denen eine elektrische Spannung liegt, dürfen sich nicht metallisch berühren, da sonst der Strom den fast widerstandslosen Weg über diese Stelle nimmt und dabei zu sehr hohen Stromstärken anschwillt **(Kurzschluß)**. Die Leitungsdrähte werden deshalb mit einer Isolierschicht von Gummi, Guttapercha, paraffiniertem Papier u. ä. umgeben.

Abb. 56 zeigt den sogenannten Z-Draht, der durch einen Gummimantel und mit einem umklöppelten paraffingetränkten Baumwollgewebe isoliert ist.

Abb. 57 zeigt eine Doppelleitung, die zum Schutz gegen Feuchtigkeit oder mechanische Verletzung mit einem Bleimantel versehen ist (vielfach verwendet bei Postleitungen).

Abb. 56. Z-Draht.

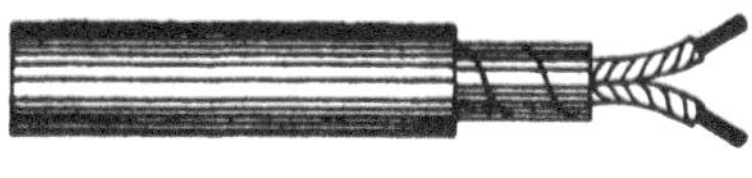

Abb. 57. Doppeladriges Kabel.

Schneidet man ein **Kabel** durch, so erkennt man, daß die Kupferleitung nicht den meisten Platz einnimmt, sondern die in mehreren Lagen um den Leiter gewickelte Isolierung. Da die Kabel gegen den leitenden Erdboden isoliert sein müssen, bedarf es einer Isolierschicht, die auch nach jahrzehntelangem Lagern nicht fault oder sonstwie zerstört wird.

Desgleichen ist eine Isolierung an Steckdosen, Schaltern usw. nötig, um die Berührung der stromführenden Leiter unmöglich zu machen. Alle elektrischen Geräte, die für höhere Spannungen eingerichtet sind, müssen gegen Berührung isoliert sein.

Flüssigkeiten

Eine besondere Gruppe bilden die Flüssigkeiten. Viele von ihnen sind gute Isolatoren z. B. Öl, Alkohol, Glyzerin. Auch chemisch reines Wasser leitet fast nicht.

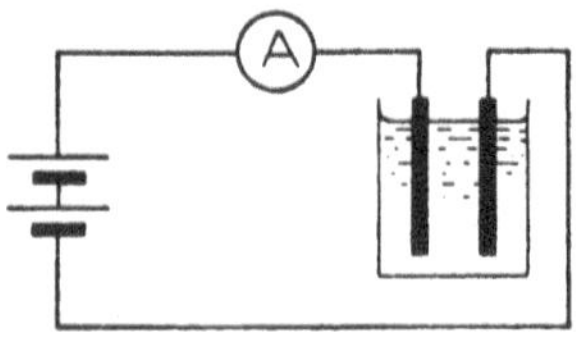

Abb. 58. Reines Wasser leitet den Strom nicht.

Um dem Wasser die Spannung zuzuführen, taucht man nach Abb. 58 zwei Metallstreifen in ein mit Wasser gefülltes Gefäß. Solche eintauchende Zuleitungen nennt man **Elektroden.**

Die beiden Elektroden verbindet man über ein Amperemeter mit einer Stromquelle. [19]

Wenn sich im Gefäß chemisch reines, sogenanntes destilliertes Wasser befindet, schlägt das Amperemeter nicht aus.

Nun setzt man dem Wasser etwas Kochsalzlösung zu: das Amperemeter zeigt einen Strom an. Auch die Lösung vieler anderer Salze kann man mit demselben Erfolg dem Wasser zusetzen.

Fügt man dem reinen Wasser Essig hinzu, so schlägt das Amperemeter ebenfalls aus. Essig ist sauer, er enthält Essigsäure. Es gibt noch viele andere Säuren; genannt seien die **Schwefel-** und **Salzsäure.** Werden sie dem Wasser zugesetzt, so leitet dieses ebenfalls den Strom. Auch sogenannte **Laugen** (Natron- oder Kalilauge) wirken in gleicher Weise[1]).

Desgleichen leitet Quell- und **Leitungswasser** den elektrischen Strom, da es kein chemisch reines Wasser ist, sondern gelöste Salze enthält.

Flüssigkeiten, die den elektrischen Strom leiten, nennt man **Elektrolyte**[2]).

Der Stromdurchgang in den Elektrolyten geht etwas anders vor sich wie in Metallen. Während in den Metallen die Elektronen sich zwischen den Atomen bewegen, die Metallatome selbst aber am Orte bleiben, werden im Elektrolyten die mit Elektronen beladenen bzw. die der Elektronen beraubten Teilchen der zugesetzten Stoffe selbst bewegt. (Weiteres S. 63.)

Manche Stoffe, die in trockenem Zustande Nichtleiter sind, lei-

[1]) Laugen sind chemische Flüssigkeiten, die ihren Namen daher haben, daß sie sich zwischen den Fingern anfühlen wie Seifenlauge.

[2]) Streng genommen heißen nur die zugesetzten Stoffe Elektrolyte. Dem Sprachgebrauch nach bezeichnet man aber heute die leitende Flüssigkeit mit diesem Namen.

ten, sobald sie feucht werden (z. B. Holz, Papier usw.), da dann das in ihnen enthaltene Wasser eine Leitung hervorruft.

Die Erde als Leiter

Von besonderer Bedeutung ist die Leitfähigkeit des feuchten Erdbodens, insbesondere der Schichten, die vom Grundwasser durchsetzt sind. Will man z. B. von einer Stromquelle A aus (Abb. 59) eine entfernt liegende Stelle B mit Strom versorgen, so braucht man eine Hin- und eine Rückleitung (bei Fernmeldeleitungen a- und b-Zweig genannt). Die Rückleitung kann man nun sparen, wenn man den Strom einen Weg durch den leitenden Erdboden machen läßt. Man muß dann den Strom den leitenden Bodenschichten zuführen.

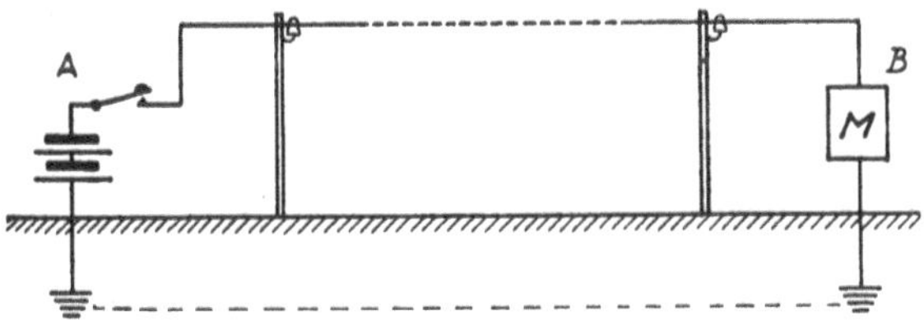

Abb. 59. Die feuchte Erde ersetzt die Rückleitung.

Man sagt, ein Pol der Stromquelle wird geerdet. Die Verbindung mit der Erde heißt Erdung.

Um den Stromkreis zu schließen, wird eine zweite Erdung in der Nähe des Verbrauchsgerätes angebracht, durch die der Strom wieder aus der Erde zurückfließt.

Der Übergang von der sogenannten „Erde" in die Erdbodenschichten soll möglichst geringen Widerstand haben. Das erreicht man durch Verlegen von Metallplatten, Drähten oder Metallgeräten, die bis in das Grundwasser oder mindestens bis in dauernd feuchte Erdschichten geführt werden. Die Verlegung der Erdleitungen in Teiche, Bäche oder stattdessen auch die Verbindung der zu erdenden Stelle mit einer vorhandenen Wasserleitung gewährleistet gute Erdung.

Im Fernmeldebetrieb der Wehrmacht wird häufig die Verbindung mit der Erde durch ein Erdleitungsrohr hergestellt, das in den Erdboden eingebohrt wird.

Verbindet man z. B. die eine Klemme des Sammlers mit der Wasserleitung, führt von der anderen Klemme den Draht zu einem

Erdleitungsrohr, so kann man mit dem Amperemeter nachweisen, daß ein Strom fließt (Abb. 60). [20]

Abb. 61 zeigt das Schaltbild mit den Schaltzeichen der „Erdung". Auch bei den meisten

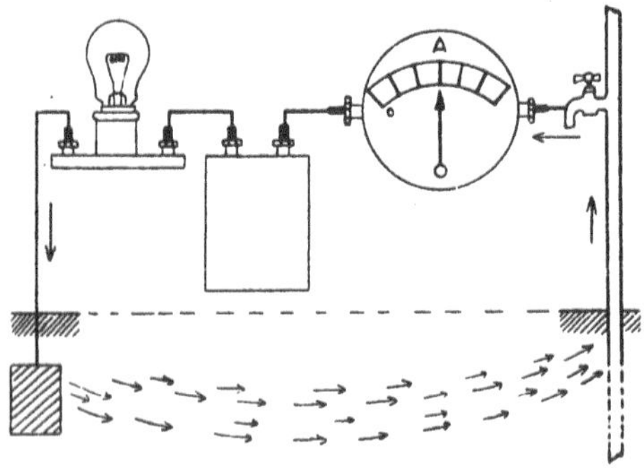

Abb. 60. Nachweis des Erdstromes.

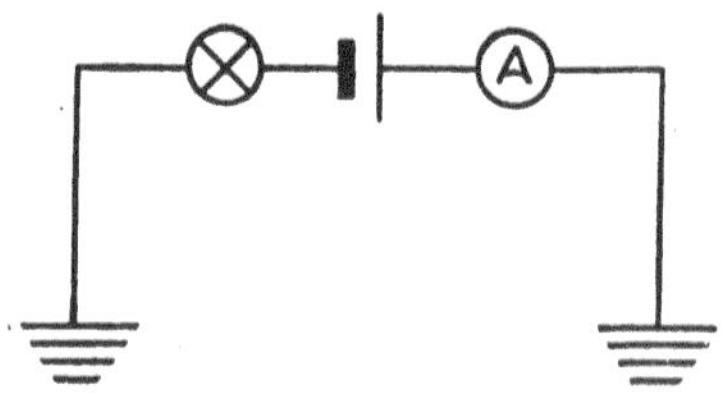

Abb. 61. Schaltbild zu Abb. 60.

Leitungsnetzen der Elektrizitätswerke ist die eine der beiden Leitungsführungen gleich am Werk geerdet. Das merkt man auf unliebsame Weise, wenn man zufällig den nichtgeerdeten Draht oder den mit ihm verbundenen Pol der Steckdose berührt. Es fließt dann ein Strom durch den Körper zur Erde. Absichtlich darf eine solche Berührung nie geschehen, da sie gefährlich ist. Berührt man den mit dem geerdeten Pol verbundenen Leiter mit der Hand, so fließt kein Strom durch den Körper, weil der Leiter schon an anderer Stelle Erdverbindungen hat. [21]

Eine geerdete Leitung hat keine Spannung gegen Erde (Abbildung 62). **Die nichtgeerdete Leitung kann Spannung gegen Erde haben** (bei der Steckdose 110 oder 220 V).

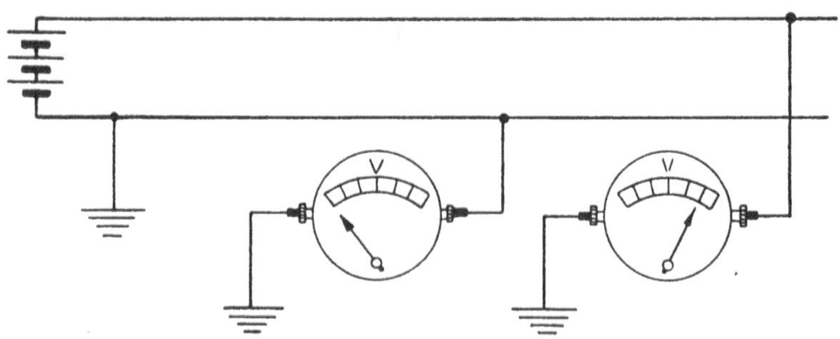

Abb. 62. Die geerdete Leitung hat keine Spannung gegen Erde; die nichtgeerdete Leitung hat Spannung gegen Erde.

Bei den elektrischen Straßenbahnen hat der Fahrdraht 500 V Spannung gegen Erde. Der Strom fließt durch den Abnahmebügel und durch den Motor zur Schiene, von dort durch die Erde zurück zum Elektrizitätswerk. Die Schiene ist geerdet und hat mithin keine Spannung gegen Erde.

Gefahrlos läßt sich mit dem **Spannungstaster,** auch Spannungssucher genannt, feststellen, welcher Pol der Steckdose (St) geerdet ist. Der Taster enthält ein Glimmlämpchen (G) und einen davor geschalteten Hochohmwiderstand R (Abb. 63). Wird mit diesem Gerät der n i c h t g e e r d e t e Pol berührt, so fließt ein schwacher Strom durch Hochohmwiderstand, Glimmlämpchen und Körper zur Erde. Er wird durch Aufglimmen des Lämpchens angezeigt. Der Hochohmwiderstand hält den Strom so klein, daß er für den Körper nicht wahrnehmbar ist und keine Gefahr bildet. Wird der geerdete Pol berührt, so leuchtet das Lämpchen nicht.

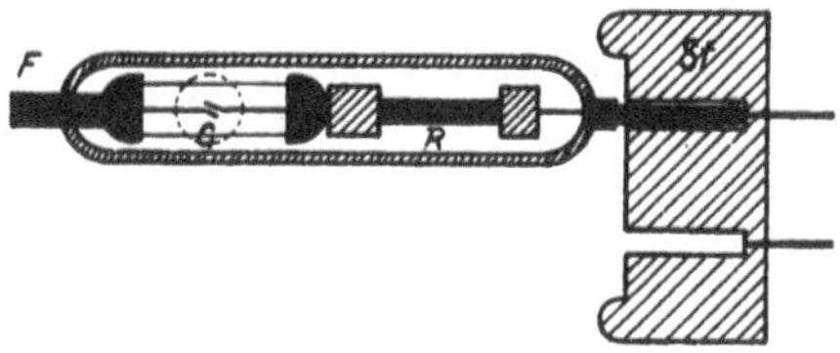

Abb. 63. Spannungstaster.

Der Strom durch die Erde fließt nun keineswegs in eng begrenzter Bahn oder auf dem kürzesten Wege zur Stromquelle zurück, sondern er kann große Umwege machen, sich im Erdboden verteilen und verzweigen (Abb. 64). Hier sucht er eine feuchte, gut leitende Schicht auf, dort umgeht er eine schlechter leitende Stelle. Man spricht daher von „v a g a b u n d i e r e n d e n" Strömen.

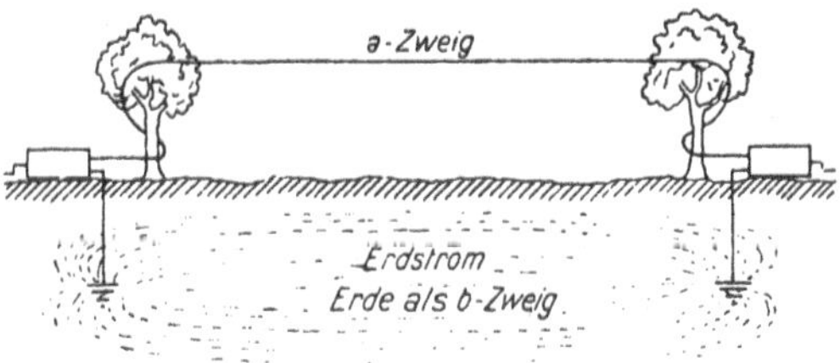

Abb. 64. Verlauf des elektrischen Stromes in der Erde.

Bei der militärischen Nachrichtenübermittlung muß auf diese Eigenschaft der Erdströme geachtet werden. Angenommen, daß zwischen den Stellen A und B ein Ferngespräch geführt wird (Abb. 65). Die Rückleitung des Stro-

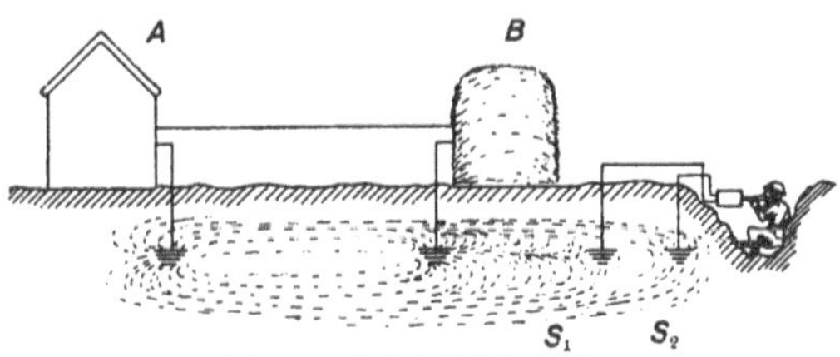

Abb. 65. Feind hört mit!

mes geht durch die Erde. Teile der vagabundierenden Erdströme gelangen dann häufig auch bis an ein Gelände, das vom Feinde besetzt ist. Der Feind treibt nun zwei sogenannte Suchererden (S_1 und S_2) in den Boden. Ist der davon aufgenommene Teilstrom auch noch so schwach, so läßt es sich doch durch geeignete Verstärkung erreichen, daß das Gespräch abgehört werden kann. Feind hört mit!

Der menschliche Körper als Leiter

Der harmlos aussehende spannungführende Kupferdraht läßt nicht erkennen, daß er bereit ist, bei seiner Berührung einen unter Umständen tödlichen Strom durch den Körper zu senden. Nicht die Spannung als solche, sondern der Strom, den sie im Körper verursacht, ist tödlich. Auf der Hochspannungsfernleitung von 100 000 V kann ungefährdet ein Vogel sitzen. Solange er nicht mit Schnabel oder Schwanz einen anderen Draht oder den Mast berührt, kann kein Strom durch seinen Körper fließen. Schwache Ströme von 20 bis 30 mA sind aber selbst dem Menschen schon gefährlich, besonders wenn sie lebenswichtige Teile des Körpers durchfließen. (Pferde sind seltsamerweise noch viel empfindlicher.) Ein Strom, der von der rechten zur linken Hand durch Arme und Brust fließt, kann dabei das Herz oder Herznerven treffen und den Tod herbeiführen, während er etwa von Zeigefinger zum Mittelfinger derselben Hand fließend, zwar schmerzhaft aber meist ungefährlich ist.

Natürlich spielt die Spannung insofern eine Rolle, als ohne Spannung kein Strom fließt und der Strom bei gleichem Widerstand um so größer wird, je höher die Spannung ist.

Nur Spannungen unterhalb etwa 40—50 V können erfahrungsgemäß als ungefährlich bezeichnet werden. Bei allen Spannungen, die darüber hinausgehen, sind die vom Verband Deutscher Elektrotechniker (VDE) erlassenen Vorschriften genau zu beachten.

Außer der Höhe der Spannung spielt der Widerstand des Körpers eine Rolle. Die inneren Teile — Gewebe und Blutbahn — leiten sehr gut. Am größten ist der Widerstand der Haut; ist diese aber feucht, so sinkt dieser Widerstand erheblich. In feuchten Räumen, besonders auch wenn Schuhe und Erdboden naß sind und der Strom leicht durch den Körper zur Erde fließen kann, ist die Gefährdung besonders groß.

Wer beispielsweise die Berührung von 600 V gut überstanden hat, ist keineswegs gefeit und kann unter ungünstigeren Umständen sehr wohl bei 220 V oder 110 V lebensgefährlich verunglücken.

Nach elektrischen Schlägen tritt häufig Scheintod ein; Wiederbelebungsversuche durch künstliche Atmung sind mehrere Stunden lang fortzusetzen.

Gase

Bei spannungführenden Freileitungen können die blanken Metalldrähte durch die Luft gespannt werden, nur gegen die Masten sind sie durch Porzellankörper isoliert. Abb. 66 zeigt einen Isolator, der vielfach bei Fernsprechleitungen gebraucht wird, Abb. 67 einen für Starkstrom- und Hochspannungsleitungen. Diese erhebliche Vereinfachung gegenüber Kabeln ist nur möglich, weil die Luft selbst ein sehr guter Isolator ist.

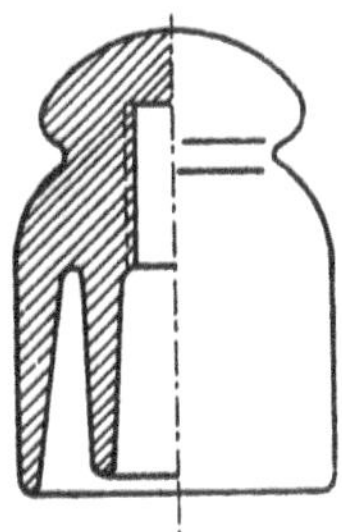

Abb. 66. Isolator für Fernsprechleitungen.

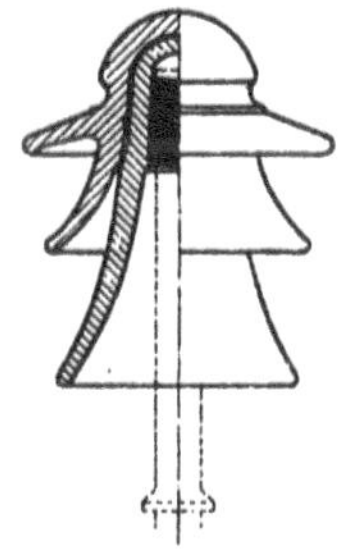

Abb. 67. Isolator für Hochspannungsleitungen.

In besonderen Fällen allerdings kann der elektrische Strom auch seinen Weg durch die Luft nehmen.

So ist der **Blitz** ein kurzdauernder Strom sehr hoher Stromstärke. Auch jeder andere überspringende elektrische Funke ist ein kurzdauernder Strom.

Solche Funkenüberschläge geschehen aber erst dann, wenn eine hohe Spannung vorhanden ist. Die Luftschicht zwischen zwei Kugeln beispielsweise, die 1 cm voneinander entfernt sind, isoliert so lange, als die Spannung kleiner als 30 000 V. ist. Wird diese Spannung überschritten, so findet der Überschlag in Form eines Funkens statt. Bei den oft kilometerlangen Blitzen sind Spannungen von mehreren Milliarden Volt vorhanden.

Der elektrische Funke ist sehr heiß, so daß er brennbare Gasgemische entzünden kann. Eine technische Anwendung dieser Art ist die **Zündkerze**, die beim Verbrennungsmotor dazu dient, das in den Zylinder angesaugte Gasgemisch zur Entzündung zu bringen. Im geeigneten Augenblick wird an den isolierten Mittelstift E (Abb. 68) eine hohe Spannung angelegt, und der Funke springt zwischen E und E_1 über.

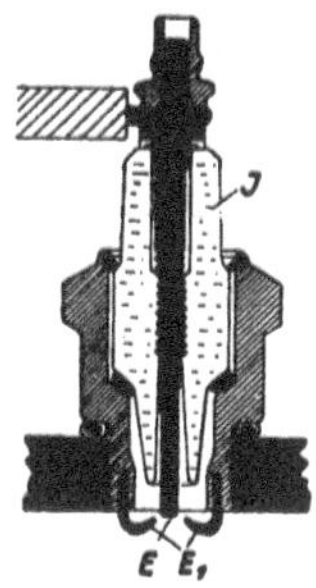

Abb. 68. Schnitt durch eine Zündkerze.

Leichter kommt der Durchschlag durch **verdünnte Luft** zustande. In eine Glasröhre sind zur Zuführung der Spannung zwei kleine Metallplatten (Elektroden) eingeschmolzen. Pumpt man aus der Glasröhre mit einer Saugpumpe die Luft heraus und schmilzt sie dann zu, so erhält man ein Entladungsrohr.

(Nach dem Bonner Glasbläser Geißler, der solche Röhren zuerst anfertigte, nannte man sie früher Geißler-Röhren.)

Der Durchgang der Elektrizität durch eine solche Röhre zeigt je nach dem Verdünnungsgrad des in der Röhre enthaltenen Gases verschiedene Erscheinungen. Bei einer bestimmten Verdünnung tritt das sogenannte **Glimmlicht** auf. [22]

Die Spannung, bei der die Entladung in der Röhre einsetzt, heißt die **Zündspannung**.

Eine der gebräuchlichsten **Glimmlampen**, wie sie Abb. 69 zeigt, hat eine Zündspannung von 80 Volt.

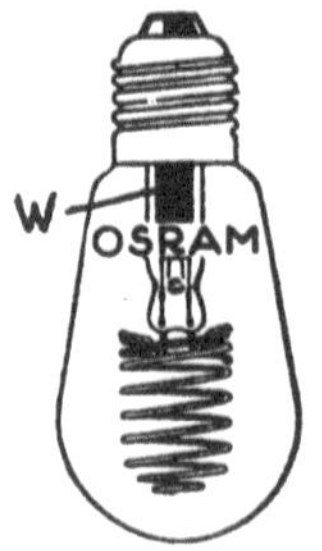

Abb. 69. Glimmlampe.

Die Ströme, die durch eine Glimmlampe fließen, sind sehr gering.

Damit die Stromstärke nicht zu groß wird, muß ein Widerstand W (Hochohmwiderstand) vorgeschaltet werden, der bei den üblichen Glimmlampen meistens fest in den Lampensockel eingebaut ist.

Besonders deutlich ist das Glimmen vor der mit dem negativen Pol der Stromquelle verbundenen „Elektrode“, der sogenannten „Kathode“, zu sehen. Man kann deshalb mit einer Glimmlampe den negativen Pol suchen (Polsuchlampe).

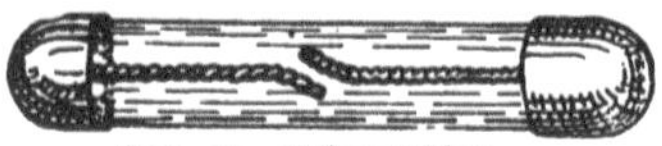
Abb. 70. Glimmröhre.

Abb. 70 zeigt eine „Klein“-Glimmlampe, die in der Fernmeldetechnik vielfach verwendet wird.

Wird die in Abb. 71 gezeigte Glimmlampe an Gleichspannung angeschlossen, so überzieht sich entweder die innere Scheibe 72a oder der äußere Ring 72b mit Glimmlicht, je nachdem, welche Elektrode mit dem negativen Pol verbunden ist. [23]

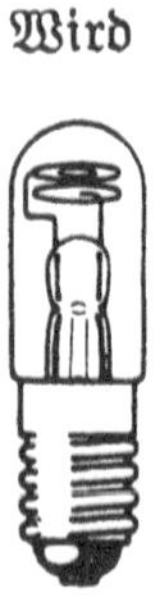
Abb. 71. Polsuchlampe.

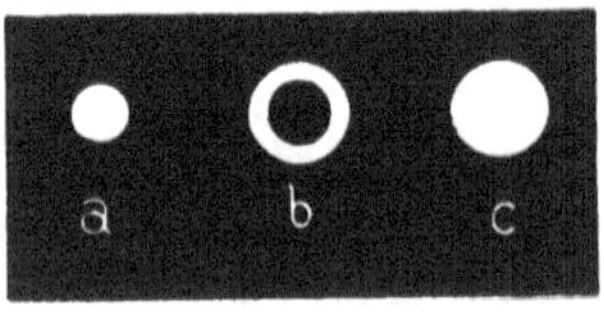

Abb. 72.
a) Der negative Pol liegt an der Platte,
b) am Ring,
c) Erscheinung bei Wechselstrom.

Bei Wechselspannung, bei der Polarität schnell

nacheinander wechselt, leuchtet abwechselnd die innere und die äußere Elektrode auf. — Da das Auge den Lichtschwankungen bei dem üblichen technischen Wechselstrom von 100 Wechseln je Sekunde nicht folgen kann, sieht es beide Elektroden gleichzeitig von Glimmlicht überzogen (Abb. 72c).

Bei den „Leuchtröhren", die zu Beleuchtungszwecken dienen, werden die verschiedenartigen Farben entweder durch entsprechende Wahl des Gasrestes, der in den Röhren noch vorhanden ist, oder durch Färben des Glases erzielt.

Auf Flughäfen finden Glimmröhren als Richtungszeiger, sowie als Rollfeld- und Hindernisleuchten Anwendung.

Um Leitungen und Geräte gegen Beschädigungen durch Überspannungen, die durch Gewitter oder besondere elektrische Zustände der Luft hervorgerufen werden, zu schützen, benutzt man in der Technik die Überspannungsableiter. Sie sind einerseits mit der zu schützenden Leitung, andererseits mit der Erde verbunden.

Bei Überspannung wird eine „Entladestrecke" zur Zündung gebracht, über die dann der Entladungsstrom zur Erde abfließt, bis die Überspannung vorüber ist, dann verlöscht die Entladung von selbst wieder.

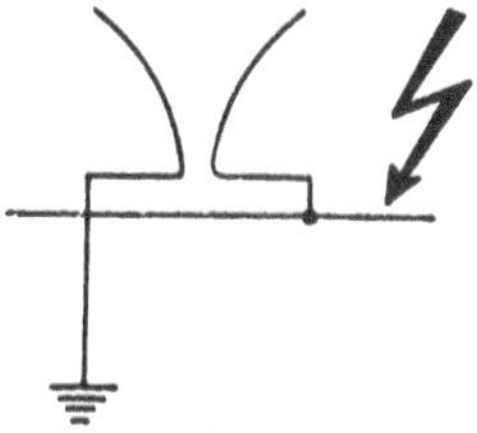

Abb. 73. Schaltung eines Hörnerblitzableiters.

Bei Freileitungen, die besonders dem Blitz und den luftelektrischen Entladungen ausgesetzt sind, werden auf den Masten oder an geeigneten Leitungsstellen Hörnerblitzableiter angebracht (Überlandleitungen, Straßenbahnen). Der Überschlag der Entladung durch die Luft setzt an der engsten Stelle zwischen den beiden Hörnern ein (Abb. 73). Der entstehende Flammenbogen wird durch die erhitzte aufsteigende Luft nach oben geblasen und reißt ab, wenn die Hörnerenden erreicht sind.[1] [24]

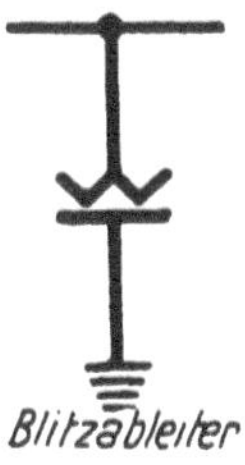

Abb. 75. Schaltzeichen zu Abb. 74.

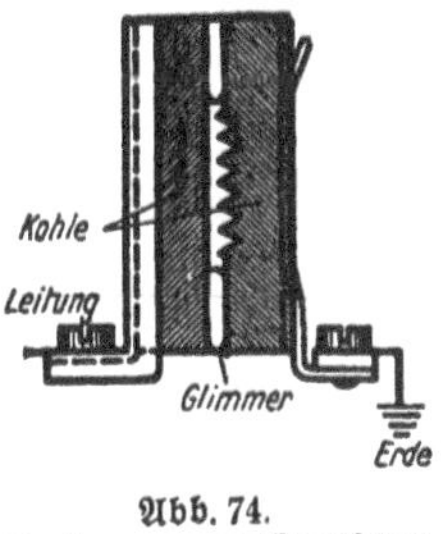

Abb. 74. Überspannungs-Grobschutz (2000 V).

Ein anderes Gerät, das die Leitungen gegen luftelektrische Spannungen sichert, zeigt Abb. 74. Die Entladung geht zwischen

[1]) Der Hörnerableiter wird heute durch neuzeitlichere Schutzgeräte verdrängt.

der Kohleplatte und den Kohlezacken über. Die beiden Kohleplatten sind durch Glimmerplatten gegeneinander isoliert.

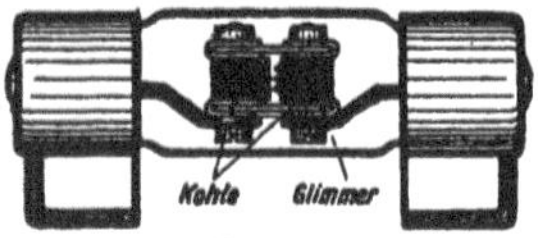

Abb. 76.
Überspannungs-Feinschutz (350 V).

Abb. 76 zeigt einen Überspannungsableiter in anderer Form. Hier geht die Entladung durch den gasverdünnten Raum in der Röhre und beginnt schon bei verhältnismäßig kleinen Überspannungen.

Überblick

1. Stoffe, die den Strom nicht leiten, heißen **Isolatoren.**
2. Leitende Flüssigkeiten heißen **Elektrolyte.**
3. Reines Wasser, auch Schnee sind Nichtleiter; werden dem Wasser Salze, Säuren oder Laugen zugesetzt, so leitet die Lösung.
4. Die feuchte Erde ist ein Leiter.
5. Durch die **Erdleitung** läßt sich ein Leitungsdraht sparen.
6. Der menschliche Körper leitet.
7. Luft und andere Gase sind gute Isolatoren. Bei sehr hohen Spannungen kann der Strom aber auch seinen Weg durch die Luft nehmen.
8. Leichter geschieht der Durchgang der Elektrizität durch verdünnte Luft.
9. **Glimmröhren** und Glimmlampen sind Röhren, deren Gasinhalt sehr stark verdünnt ist.
10. Das **Glimmlicht** setzt erst bei der sogenannten Zündspannung ein.
11. **Überspannungsschutz** dient gegen Schäden durch zu hohe Spannungen.

5. Watt, Kilowatt, Kilowattstunde

Wie man Gas vom Gaswerk, Wasser vom Wasserwerk kauft, so kann man auch elektrischen Strom vom Elektrizitätswerk kaufen. Nun ist für den Verbraucher meistenteils die Menge des angelieferten Wassers oder Gases von Bedeutung. Denn er muß diese Menge bezahlen. Der Druck dient nur dazu, Gas und Wasser an die Verbrauchsstelle zu befördern. Anders ist es bei einer Preßluftleitung. Hier bestimmen Druck und Luftmenge je Sekunde die Leistungsfähigkeit.

Auch der elektrische Strom soll eine Leistung vollbringen, einen Motor treiben, Licht oder Wärme erzeugen. Auch hier hängt die Größe der Leistung nicht allein von der Stromstärke, sondern auch von der elektrischen Spannung ab.

Man hat gefunden, daß die **elektrische Leistung** durch das „Produkt" aus Stromstärke und Spannung bestimmt ist.

Leistung = Spannung mal Stromstärke

Die Leistung wird in der Elektrizitätslehre in „Watt" ausgedrückt. Es ist

Watt = Volt mal Ampere

Fließt also durch eine Lampe bei 220 Volt ein Strom von $^1/_4$ Ampere, so leistet der Strom in der Lampe 55 Watt. [25]

Die Einteilung der Glühlampen wurde früher nach ihrer Lichtstärke in „Kerzen" vorgenommen. Heute teilt man sie nach der Leistung, die sie aufnehmen, ein. Es gibt 25-Watt-Lampen für 220 V Spannung. Sie brauchen also etwa 0,114 A (denn: 0,114 A × 220 V = 25 Watt).

Andererseits benutzt man auch für Kraftwagenscheinwerfer oder Kleinkinogeräte Lampen von 25 Watt, die aber mit 6 V brennen. Diese Lampen brauchen dann etwa 4,2 A (6 V × 4,2 A = 25 Watt).

Größere Leistungen werden in Kilowatt (kW) angegeben.

1 Kilowatt = 1000 Watt.

In der Technik wird häufig die Leistung des Motors, z. B. des Kraftwagen- oder Flugzeugmotors in Pferdestärken (PS) gemessen. Diese Einheit für die Leistung ist aus der Bewegungslehre entstanden. Es gilt folgende Beziehung:

1 PS = ungefähr $^3/_4$ kW.

Die Kosten, die der Betrieb einer Lampe oder eines Motors verursacht, hängen aber nicht nur von den aufgenommenen Watt bzw. Kilowatt ab, sondern auch von der Zeitdauer, während der die elektrische Leistung in Anspruch genommen wird. Was wir dem Elektrizitätswerk bezahlen müssen, ist die vollbrachte

Arbeit, d. h. die Leistung mal der Zeit. Diese Arbeit wird in Wattsekunden oder, da dieses Maß für die technischen Verhältnisse zu klein ist, in einer größeren Einheit, in **Kilowattstunden (kWh)**[1]) angegeben.

Wird z. B. ein Kilowatt eine Stunde lang verbraucht, so muß eine Kilowattstunde bezahlt werden. Wird ein Kilowatt eine halbe Stunde lang verbraucht, so muß eine halbe kWh bezahlt werden.

Kilowattstundenzahl = Kilowatt × Stunden.

Meßgeräte, die diese Arbeit anzeigen, sind die **Elektrizitätszähler,** die vom Elektrizitätswerk bei jedem Verbraucher angebracht werden. Sie enthalten meistens kleine Motoren, die ein Zählwerk antreiben, das den Stromverbrauch direkt in Kilowattstunden angibt.

Überblick

1. Die **elektrische Leistung** wird in **Watt** angegeben. Die größere Einheit ist das **Kilowatt** (kW).
2. Die elektrische **Arbeit** ist Leistung mal Zeit. Die in der Elektrotechnik benutzte Einheit ist die **Kilowattstunde.**

6. Ladung und elektrisches Feld

In der technischen und wissenschaftlichen Fachsprache bezeichnet man einen Elektronenüberschuß als **negative Ladung.** Körper mit Elektronenüberschuß nennt man negativ geladen.

Demgegenüber besitzen Körper mit Elektronenmangel **positive Ladung.**

Die Begriffe positive und negative Ladung wurden in einer Zeit geprägt, in der man von dem Vorhandensein der Elektronen noch keine Kenntnis hatte. Nach der heutigen Anschauung sind die Elektronen die Träger der negativen Ladung. Negativ laden heißt also, Elektronen zuführen.

[1]) Der Buchstabe h ist gewählt von dem lateinischen hora, die Stunde.

Die Atome, denen eins oder mehrere ihrer Elektronen entzogen werden, bleiben demgegenüber positiv geladen zurück. Die positive Ladung kann sich also nicht frei bewegen wie das Elektron, sondern ist an das Atom fest gebunden. Einen Körper positiv aufladen heißt also nichts anderes, als ihm Elektronen entziehen. In diesem Sinne ist der Ausdruck stets zu verstehen.

Gleichen sich Überschuß und Mangel an Elektronen — also negative und positive Ladung — aus, so ist der Körper neutral — er ist ungeladen.

Durch einfache Versuche kann man feststellen, daß Körper mit *verschiedenartiger Ladung sich einander anziehen, während gleichartig geladene sich abstoßen.* [26]

Die anziehenden und abstoßenden *Kräfte der Ladungen* wirken durch den Raum zwischen den beiden geladenen Körpern hindurch. Auch durch den luftleeren Raum tritt dieser Einfluß auf.

Man nennt den von elektrischen Kräften durchsetzten Raum ein **elektrisches Feld.**

Man kann das elektrische Feld auf einfache Weise veranschaulichen:

Auf einer Glasplatte befestigt man zwei parallele Metallstreifen und streut kleingeschnittene Haare, Gipskristalle oder andere kleine Körperchen auf. Ladet man die Metallstreifen mit einer hohen Spannung entgegengesetzt auf, so ordnen sich diese Körper in bestimmten Richtungen kettenartig hintereinander. [27]

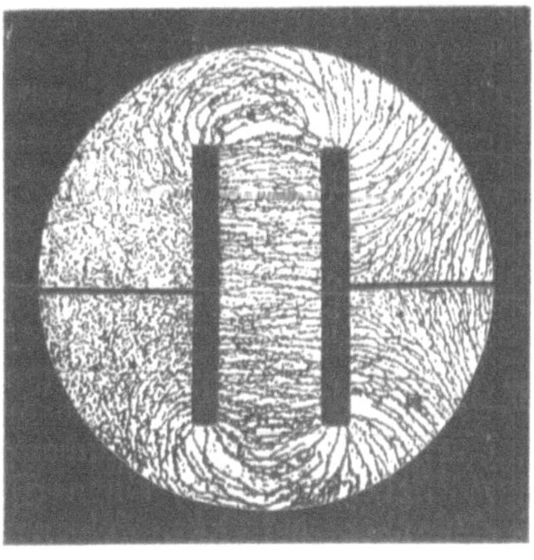

Abb. 77. Elektrische Feldlinien zwischen zwei Platten.

Abb. 77 zeigt das Ergebnis dieses Versuches.

Befestigt man eine runde Platte in ähnlicher Weise und ladet

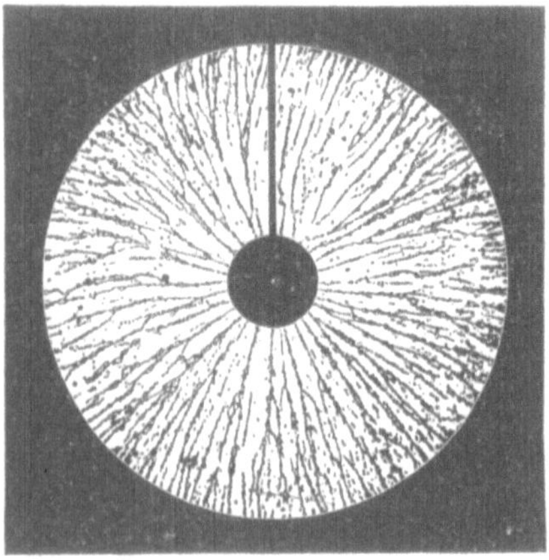

Abb. 78. Elektrische Feldlinien um eine Kugel bzw. einen Leiter.

diese auf, so erhält man die Abb. 78. Sie stellt das Bild durch den Schnitt eines elektrischen Feldes um eine Kugel im Raume dar.

Nicht die unsichtbaren Feldlinien selbst, sondern nur ihre Richtung wurde so durch den Versuch sichtbar gemacht.

Elektrische Felder breiten sich mit großer Geschwindigkeit aus. Sie pflanzen sich in einer Sekunde um 300000 km fort. Die Ausbreitung der Funkwellen hängt mit diesen elektrischen Feldern aufs engste zusammen.

Überblick

1. Körper mit **Elektronenmangel** heißen **positiv** geladen, solche mit **Elektronenüberschuß negativ** geladen.
2. Positive und negative Ladung ziehen einander an. Gleichartige Ladungen stoßen einander ab.
3. Der von elektrischen Kräften durchsetzte Raum wird **elektrisches Feld** genannt.

7. Kondensator

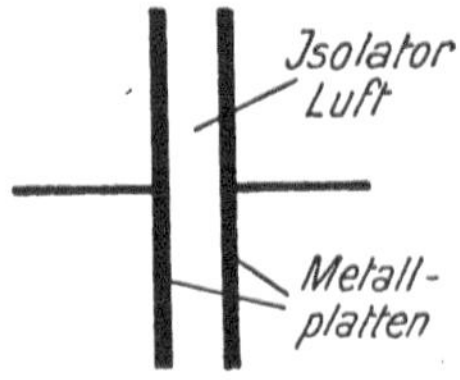

Abb. 79.
Aufbau eines Kondensators.

Die Wirkungsweise des Kondensators

Zwei Metallplatten, einander gegenübergestellt und durch einen Isolator voneinander getrennt, bilden einen **Kondensator** (Abb. 79).

Die isolierende Zwischenschicht ist entweder Luft (Luftkondensator) oder ein fester Isolierstoff, z. B. Glimmer (Glimmerkondensator), Glas oder paraffiniertes Papier oder eine isolierende Flüssigkeit, z. B. Öl.

Abb. 80 zeigt einen Plattenkondensator, bei dem der Abstand veränderlich eingestellt werden kann.

Ladet man die eine Platte positiv, die andere negativ auf, so ziehen sich die beiden Ladungen an, sie binden sich gegenseitig.

Abb. 80. Plattenkondensator mit verstellbarem Plattenabstand.

Je näher die beiden Platten einander gegenüberstehen, um so stärker wird diese Bindung und um so größere elektrische Ladungen können dann auf den Kondensator gebracht werden.

Diese Aufspeicherung von Ladungen kann man durch einen einfachen Versuch zeigen:

In der in Abb. 81 angegebenen Schaltung ist ein größerer Kondensator in Reihe mit einem empfindlichen Amperemeter geschaltet. Wird der Schalter nach a gelegt, so schlägt das Amperemeter für einen Augenblick aus. Das ist ein Zeichen dafür, daß ein kurz dauernder Strom fließt. Es ist der sogenannte **Aufladestrom.** Wird der Schalter nun geöffnet und nach b gelegt, so schlägt das Amperemeter wiederum aus, aber diesmal nach der entgegengesetzten Seite, d. h. der Strom fließt in umgekehrter Richtung wie oben. Man nennt ihn **Entladestrom.** Zwischen Aufladung und Entladung ist die Ladung in dem Kondensator verblieben. [28]

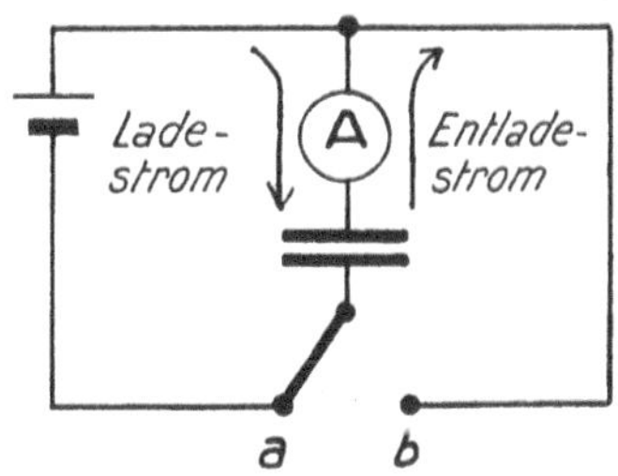

Abb. 81.
Schalter auf a: Laden des Kondensators.
Schalter auf b: Entladen des Kondensators.

An Stelle des Amperemeters kann man auch eine Glimmlampe bzw. eine kleine Glühlampe einschalten.

Kapazität

Wiederholt man obigen Versuch bei gleicher Spannung der Stromquelle, aber mit verschiedenen Kondensatoren, so bemerkt man, daß der Ausschlag des Amperemeters verschieden groß ist. Die Größe des Aufladestroms und somit auch die Größe der Ladung, die der Kondensator erhält, ist je nach dem Fassungsvermögen des Kondensators verschieden. [29]

Dieses Fassungsvermögen wird Kapazität genannt. Jeder Kondensator hat eine bestimmte Kapazität.

Die Einheit der Kapazität ist das **Farad** (F). Diese Maßeinheit, die aus theoretischen Voraussetzungen entsprang, ist unpraktisch groß. Daher bedient man sich in der Technik fast nur des **Mikrofarad** (μF).

1 Farad = 1 Million μF.

Sehr kleine Kapazitäten werden auch in **Picofarad** (pF) gegemessen.

1 μF = 1 Million pF.

(In der Funktechnik ist auch noch das Maß "cm" hin und wieder gebräuchlich, 1 cm ist etwa 1 pF.

Die Kapazität ist abhängig von der Größe der beiden gegenüberstehenden Metallflächen, ihrem gegenseitigen Abstand und von der Art der isolierenden Zwischenschicht.

Die vom Kondensator aufgenommene Elektrizitätsmenge hängt nicht nur von der Kapazität ab. Wenn man den oben angegebenen Versuch mit demselben Kondensator, aber bei verschiedenen Spannungen der Stromquelle durchführt, so bemerkt man, daß der Ausschlag des Amperemeters um so größer ist, je höher die an den Kondensator angelegte Spannung ist. [30]

Bei größerer Spannung fließt eine größere Ladung auf den Kondensator als bei kleinerer Spannung.

Die **Ladung**, die der Kondensator aufnimmt, ist also **abhängig von der Kapazität und der Spannung.**

Als Gesetzmäßigkeit wird dieses durch die Gleichung ausgedrückt:

$$Q = C \cdot U,$$

wobei Q die Größe der Ladung, C die Kapazität (Farad) und U die Spannung (Volt) bedeutet.

Ein Vergleich:

Je größer ein Luftdruckkessel ist, um so größer ist auch sein Fassungsvermögen für Luft. Die Menge der Luft (Ladung), die eingepumpt wird, hängt ab von dem Fassungsvermögen (Kapazität) und dem Druck der Pumpe (Spannung).

Schaltung von Kondensatoren

Es kommt vor, daß die Kapazität eines Kondensators für die notwendige Aufspeicherung der Ladung nicht ausreicht. Dann schaltet man mehrere Kondensatoren **parallel** (Abb. 82).

Ladet man diese parallelgeschalteten Kondensatoren auf, so

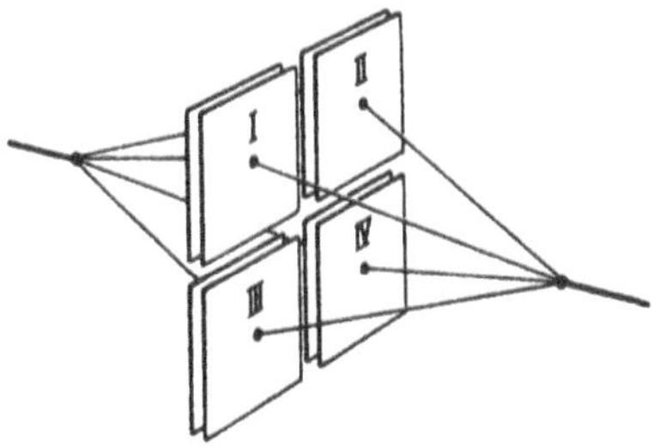

Abb. 82. Vier Kondensatoren sind parallel geschaltet, sie wirken wie ein Kondensator von vierfacher Plattenfläche.

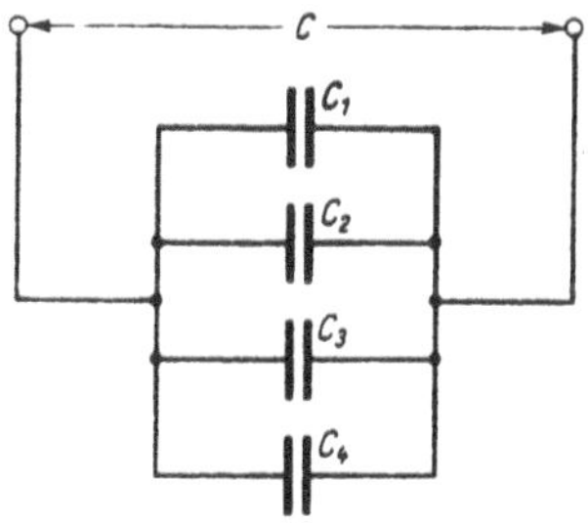

$C = C_1 + C_2 + C_3 + C_4$

Abb. 83. Schaltplan zu Abb. 82.

finden die Ladungen vergrößerte Platten. Das Fassungsvermögen ist also größer. Durch Messung kann man feststellen, daß

$$C = C_1 + C_2 + C_3 + C_4 \text{ (Abb. 83),}$$

also die Gesamtkapazität gleich der Summe der einzelnen Kapazitäten ist. **[31]**

Ähnliche Vorgänge findet man beim Parallelschalten von Sammlern. Auch hier wird das Fassungsvermögen der Sammler entsprechend der Zahl der parallelgeschalteten Platten vergrößert (vgl. S. 68).

Wenn man dagegen Kondensatoren **hintereinanderschaltet,** so so verteilt sich die Gesamtspannung auf die einzelnen Kondensatoren. Es erhält also jeder Kondensator nur einen Teil der Gesamtspannung (Abb. 84). Die gesamte Kapazität ist dabei geringer als diejenige des kleinsten der Kondensatoren. **[32]**

Bezüglich des Fassungsvermögens gilt dann die Beziehung

$$\frac{1}{C} = \frac{1}{C_1} + \frac{1}{C_2} + \frac{1}{C_3} + \frac{1}{C}$$

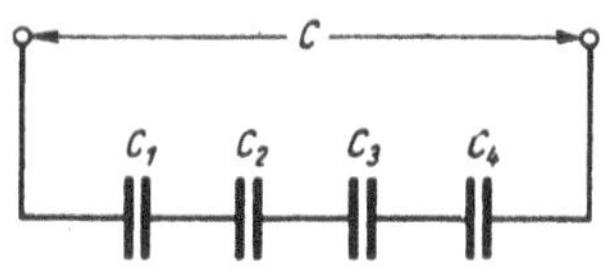

$\frac{1}{C} = \frac{1}{C_1} + \frac{1}{C_2} + \frac{1}{C_3} + \frac{1}{C_4}$

Abb. 84. Vier Kondensatoren hintereinander geschaltet.

Kondensator im Gleichstromkreis

Schaltet man vor den Kondensator ein Glimmlämpchen und

legt dann die Gleichspannung an den Stromkreis (Abb. 85), so leuchtet die negative Elektrode der Lampe während der Ladung auf und verlöscht dann. Nach der Aufladung des Kondensators fließt kein Strom mehr. *Der Kondensator wirkt daher als Stromsperre.* Der Kondensator blockiert also den Gleichstrom und trägt dann den Namen **Block-Kondensator.**

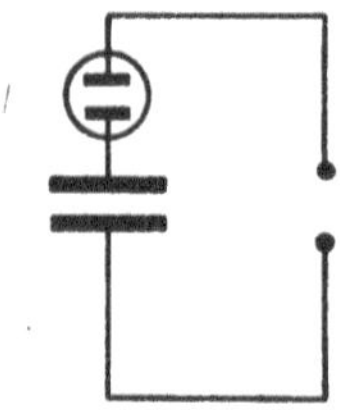

Abb. 85. Kondensator und Glimmlampe hintereinandergeschaltet.

Kondensator an Wechselspannung

Schaltet man eine Wechselspannung an den Kondensator, so leuchtet die Glimmlampe dauernd.

Zur Aufklärung dient folgender Versuch: Man stellt einen Wechselstrom mit Hilfe des Stromwenders (Abb. 86) aus Gleichstrom her. Bei jeder Umdrehung

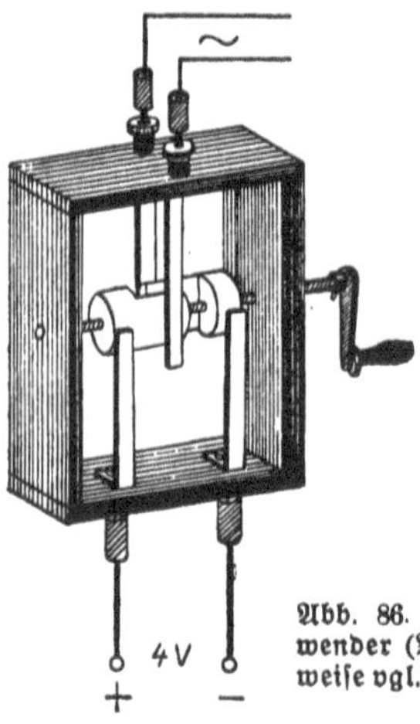

Abb. 86. Stromwender (Wirkungsweise vgl. Abb. 86a.)

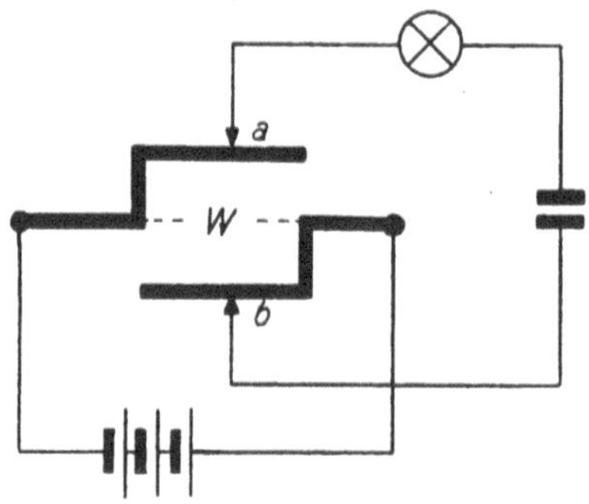

Abb. 86a. Bei der Drehung des Polwechslers werden die Punkte a und b abwechselnd an Plus und Minus gelegt.

der Kurbel werden die Klemmen des Kondensators zweimal umgepolt (Abb. 86a).

Beim Einschalten brennt das Lämpchen nur so lange, wie die Aufladung des Kondensators dauert. Dreht man den Stromwender nun langsam weiter, so wechseln die Pole, d. h.: zunächst wird der Kondensator entladen und zugleich im umgekehrten Sinne aufgeladen (dabei glimmt das Lämpchen wieder auf). Beim Weiterdrehen wiederholt sich das Spiel. Bei schneller Drehung folgen die Lichtblitze der Lampe so schnell, daß das Auge den Eindruck des dauernden Leuchtens hat. Ebenso wirkt die Wechselspannung des Netzes.

Am Wechselstromnetz brennt die Glimmlampe genau so, als ob statt des Kondensators nur ein Widerstand vor das Lämpchen geschaltet wäre. [33]

Im Wechselstromkreis ist der Kondensator keine Unterbrechung, sondern er verhält sich wie ein Widerstand. Man spricht daher auch vom „*kapazitiven*“ *Widerstand* eines Kondensators zum Unterschied vom „*Ohmschen*“ *Widerstand* eines Leitungsdrahtes (vgl. S. 23).

Wechselstrom kann also durch einen Kondensator geleitet werden.

Der Kondensator wird in der Elektrotechnik häufig verwandt, um die auf einer Leitung gemeinsam fließenden Gleich- und Wechselströme zu trennen.

Wird in die Leitung ein Kondensator eingeschaltet, so wird der Gleichstrom abgeriegelt, der Wechselstrom geht hindurch. (Vgl. S. 105.)

Technische Formen von Kondensatoren

Die älteste Form eines Kondensators ist die Kleistsche Flasche (auch Leidener Flasche genannt). Die Innen- und Außenseite eines Glasgefäßes ist mit einer dünnen Metallschicht belegt. Daher tragen die beiden Metallflächen eines Kondensators auch den Namen **„Belegung“.** Kondensatoren ähnlicher Form finden noch heute in der Hochspannungstechnik Verwendung.

Um Kondensatoren von großer Kapazität zu schaffen, muß man die Platten sehr groß machen. Da es auf die Dicke der Platten nicht ankommt, sondern nur auf die Fläche, nimmt man, um Raum zu sparen, dünne Metallblätter, die gegeneinander durch dünne Isolatoren (Paraffinpapier) getrennt sind. Diese Metallstreifen, auf beiden Seiten mit Paraffinpapier belegt, werden zu einer Rolle aufgewickelt und die Zuleitungen getrennt herausgeführt. So entsteht ein **Wickelkondensator** (Abb. 87), der in einem kleinen Metallgefäß untergebracht und mit Isoliermasse vergossen wird (Becherkondensator, Abb. 88).

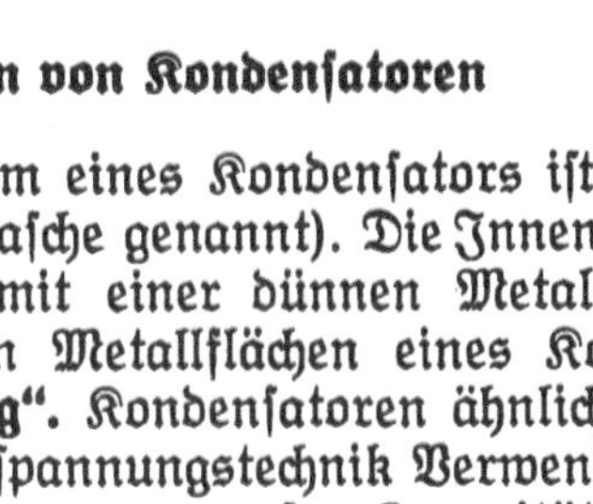

Abb. 87.
Aufbau eines Wickelkondensators.

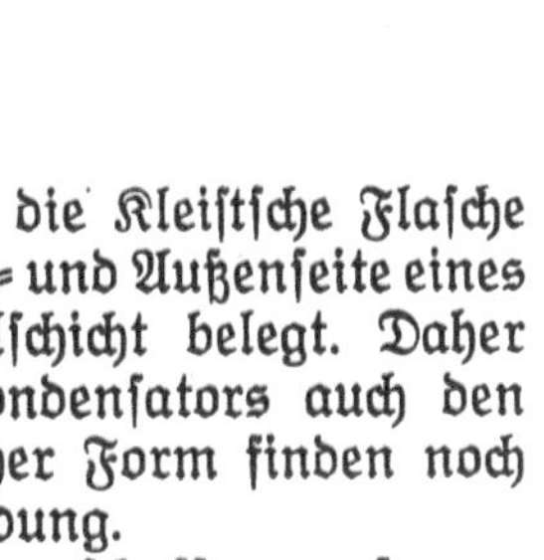

Abb. 88. Technische Ausführung eines Wickelkondensators (auch Becherkondensator genannt).

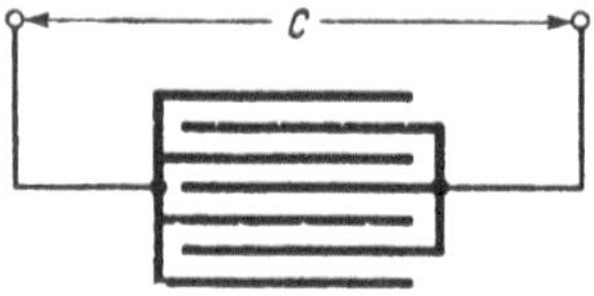

Abb. 89. Schnitt durch einen Plattenkondensator (schematisch).

Bei anderen technischen Kondensatoren sind Plattenpakete, die untereinander verbunden sind, so zusammengestellt, daß die Gegenplatten in die Zwischenräume eingreifen (Abb. 89). Dadurch wird erreicht, daß der Kondensator wenig Platz einnimmt, obgleich die Gesamtfläche der Platten verhältnismäßig groß ist.

Abb. 90 zeigt die technische Ausführung eines solchen Plattenkondensators mit einem festen Isolierstoff (Glas, Glimmer), wie er in der Wechselstromtechnik gebraucht wird.

Abb. 90. Plattenkondensator für Funksender.

Bringt man die eine Plattengruppe gegenüber der anderen d r e h b a r an, so entsteht der **Drehkondensator** (Abb. 91). Durch Herausdrehen der Plattengruppe wird die Kapazität vermindert, da jeweils nur der Teil der Platten wirksam ist, der den Nachbarplatten gegenübersteht.

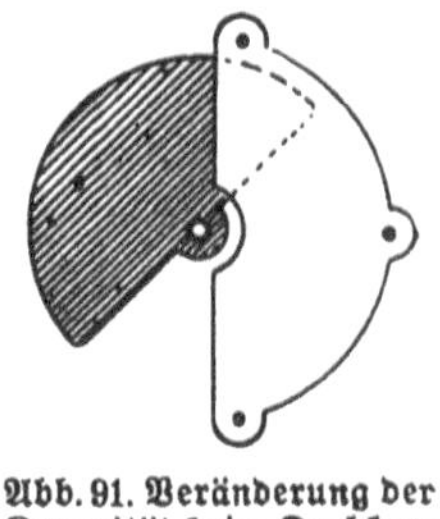

Abb. 91. Veränderung der Kapazität beim Drehkondensator durch Herausdrehen der einen Plattengruppe.

Abb. 92 zeigt die technische Ausführung eines neuzeitlichen Drehkondensators, wie er in Funksendern verwendet wird.

Bei zu hohen Spannungen kann die Isolierschicht zwischen den Platten durchschlagen werden. Der Kondensator entlädt sich dann in Form eines Funkens, der zwischen den Platten übergeht. Ein Luftkondensator nimmt dabei keinen ernsten Schaden. Anders ist es bei Kondensatoren mit fester Zwischenschicht.

Der Durchschlag durch die isolierenden Glimmerplättchen oder durch die paraffinierten Papierblätter usw. bedeutet Zerstörung des Kondensators. Durch die einmal durchschlagene Stelle fließen die Elektronen von der einen Belegung zur anderen über, so wie Wasser aus einem Loch im Topf aussickert.

Deshalb dürfen Kondensatoren nicht mit höheren Spannungen belastet werden, als ihr Aufdruck angibt. An einen Kondensator mit dem Aufdruck „Maximale Betriebsspannung 250 V“ (vgl. Abb. 88) dürfen nicht mehr als 250 V angelegt werden, auch wenn der zusätzliche Aufdruck „Prüfspannung 750 V“ besagt, daß der Kondensator bei der Prüfung die dreifache Spannung ausgehalten hat.

Abb. 92. Technische Ausführung eines Drehkondensators für Funkgeräte.

Man kann leicht feststellen, ob ein Kondensator durchgeschlagen ist. Leuchtet in der Schaltung nach Abb. 85 (S. 48) bei angelegter Gleichspannung die Glimmlampe dauernd, so fließt infolge eines Isolationsfehlers ein Strom zwischen den Belegungen über. [34]

Überblick

1. Zwei durch einen Isolator voneinander getrennte Metallplatten bilden einen **Kondensator.**
2. Jeder Kondensator hat eine bestimmte **Kapazität.** Die Kapazität wird in Farad oder Mikrofarad gemessen.
3. Bei der Ladung fließt auf den Kondensator ein kurzdauernder Ladestrom, bei der Entladung fließt der Entladestrom.
4. Es gibt verschiedene Formen technischer Kondensatoren: z. B. Becherkondensatoren, Plattenkondensatoren, Drehkondensatoren.
5. **Gleichstrom** wird durch den Kondensator **gesperrt, Wechselstrom** kann durch den Kondensator **hindurchfließen.**

II. Wirkungen des elektrischen Stromes und ihre technischen Anwendungen

8. Wärmewirkungen des elektrischen Stromes

Wenn man in einen Stromkreis ein Stück dünnen Draht einschaltet und nun die Stromstärke steigert, so wird der Draht zuerst warm, dann rotglühend, schließlich gerät er in helle Weißglut, bis er an einer Stelle durchbrennt (Abb. 93). [35]

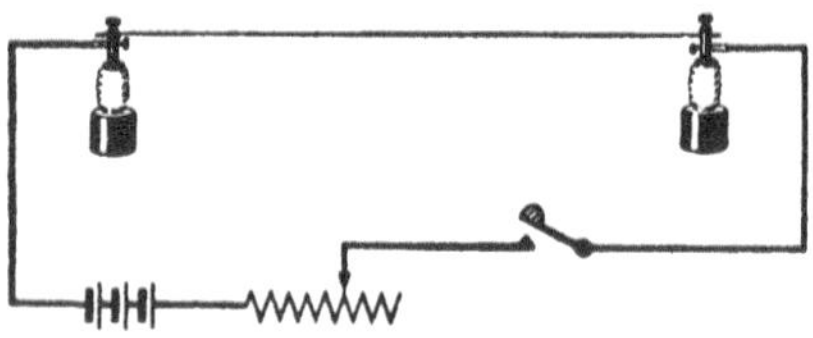

Abb. 93. Schaltung zur elektrischen Erhitzung eines Drahtes.

Wiederholt man den Versuch, schaltet jetzt aber die zuletzt benutzte Stromstärke sofort ein, so brennt der Draht augenblicklich durch. [36]

Diese Eigenschaft des Stromes, bei bestimmter Stromstärke Drähte durchzuschmelzen, benutzt man bei den Schmelzsicherungen.

Die Schmelzsicherung

Wird beim Stromdurchgang durch einen Stromkreis der Strom zu groß, etwa durch einen Kurzschluß, so kann die erzeugte Wärme die Isolation schädigen, die Drähte können glühend werden und dadurch sogar Brände entstehen. Unter Kurzschluß versteht man eine ungewollte Überbrückung eines Teiles des Stromkreises. Dadurch wird der Widerstand des Stromkreises stark verringert, und es fließen unter Umständen außerordentlich starke Ströme.

Um einen Stromkreis gegen zu große Stromstärke zu schützen, unterbricht man ihn an einer Stelle und schaltet in die Unterbrechung einen dünnen Draht ein, der bei einer bestimmten Stromstärke durchschmilzt.

In der Technik wird eine Leitung an ein Stromnetz niemals angeschlossen, ohne eine solche **Sicherung** einzuschalten.

Bei Licht- und Kraftanlagen sind am gebräuchlichsten die **Stöpselsicherungen** (Abb. 94). Sie bestehen aus kleinen Porzellankörpern (Patronen), die durch aufgesetzte Schraubstöpsel in den Sicherungselementen festgehalten werden. Auf der einen Seite ragt ein Metallstift heraus und auf der anderen Seite ist eine Metallkappe, die in der Mitte einen farbigen Kennkörper (Plättchen) trägt, der die höchstzulässige Stromstärke kennzeichnet (rot für 10 Ampere, grün für 6 Ampere). Abb. 95 zeigt die Sicherungspatrone mit dem Kennkörper im Schnitt.

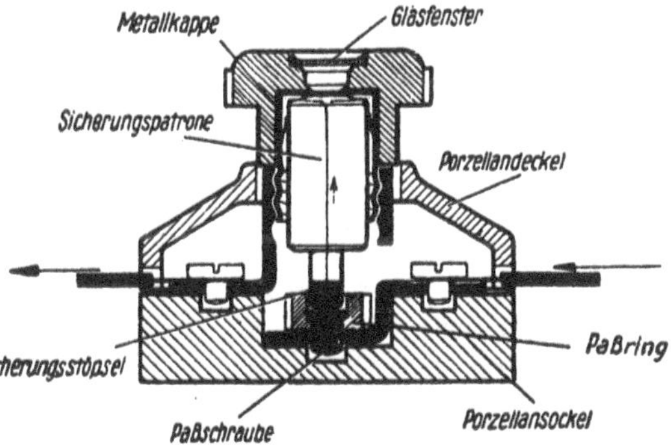

Abb. 94. Schnitt durch eine Stöpselsicherung.

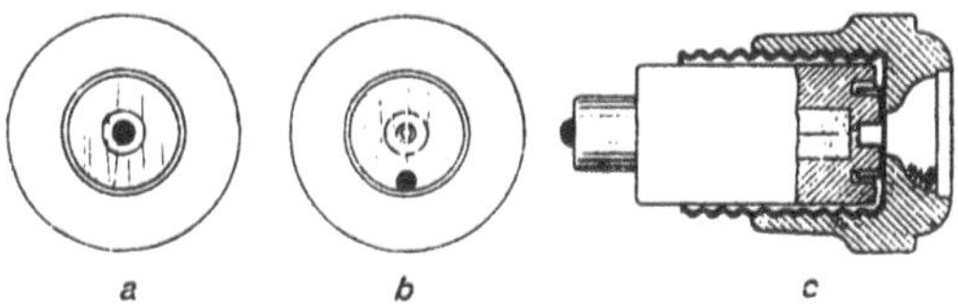

Abb. 95. Sicherungspatrone mit Kennkörper: a) Kennkörper an der Patrone, b) und c) Kennkörper nach Durchschmelzen der Sicherung herausgefallen.

Die Dicke der Kupferleitungen ist der an der Verbrauchsstelle benötigten Stromstärke angepaßt, und die Sicherung wiederum ist entsprechend der Stromstärke ausgewählt, die für den betreffenden Leitungsdraht höchstens zulässig ist.

Übersicht

Querschnitt in mm² (Kupfer)	Dauerbelastung u. Sicherung i. Ampere	Höchstbelastung in Ampere
0,75	6	9
1	6	12
1,5	10	16
2,5	15	21
4	20	27
6	25	35
10	35	48
16	60	75
25	80	90
35	100	110

Damit die Sicherung wirksam ist, muß verhindert werden, daß jemand eine für höhere Stromstärken vorgesehene Sicherung einsetzen kann. Die Stöpseldicke der Sicherungspatronen ist deshalb verschieden je nach der Stromstärke, für die sie vorgesehen sind. Je höher die zulässige Stromstärke, desto dicker der Stöpsel (Abb. 96). Der Stöpsel paßt in die Aussparung

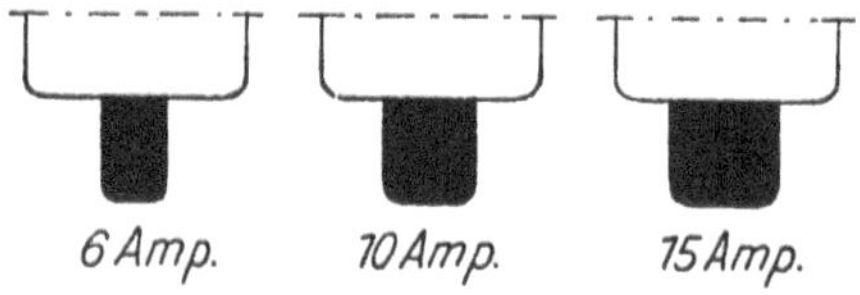

Abb. 96. Stöpseldicke für verschiedene Stromstärken.

eines in die Sicherung eingesetzten **Paßringes** genau hinein, so daß Sicherungen für größere Stromstärken als vorgesehen nicht verwendet werden können.

In der Fernmeldetechnik werden andere Arten von Schmelz-

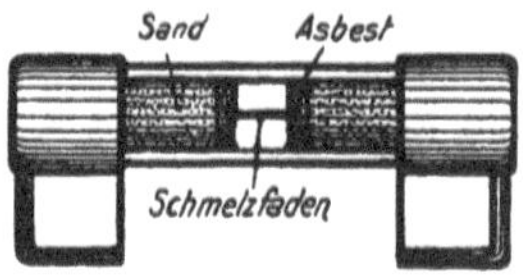

Abb. 97. Grobsicherung für Fernmeldeleitungen.

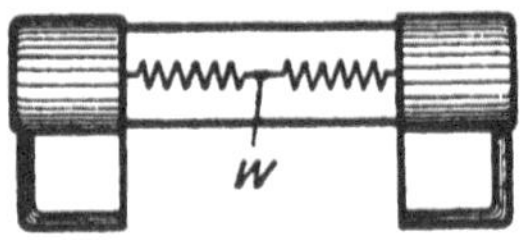

Abb. 98. Feinsicherung.

sicherungen verwendet. Abb. 97 zeigt eine sogenannte **„Grobsicherung"**. Der Schmelzfaden ist in Sand und Asbest eingebaut, die als Schutz gegen den abschmelzenden Sicherungsdraht dienen.

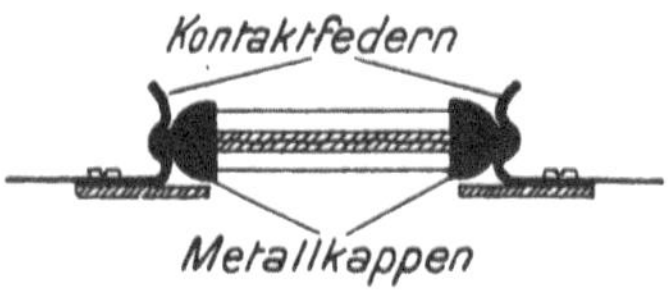

Abb. 99. Sicherungspatrone für Kraftwagen. Die zulässige Amperezahl ist auf den Kappen aufgedruckt.

In Abb. 98 findet sich eine **„Feinsicherung"**, die schon bei geringen Stromstärkeüberschreitungen abschmilzt. An den Kontaktmessern sind Schraubenfedern angebracht, die durch eine sehr leicht schmelzende Legierung (Wood'sches Metall) verbunden sind. Bei einer Temperatur von 60° schmilzt das Metallkügelchen, und die Federn schnellen zurück; der Strom ist unterbrochen.

In Kraftwagen findet man Sicherungen nach Abb. 99. In der Rinne eines Porzellanstäbchens liegt der Schmelzdraht, der über die Metallkappen und Kontaktfedern in den Stromkreis eingeschaltet wird.

Elektrowärme

Die Stromwärme in dem Leiter entsteht dadurch, daß den Elektronen durch die Moleküle der Durchgang erschwert wird. Die Elektronen reiben sich mit den Molekülen, wobei diese in starke Bewegung geraten. Nach außen hin zeigt sich dies als Erwärmung.

Man hat festgestellt, daß die Erwärmung von der Stromstärke abhängig ist. Bei jeder Leitung geht ein Teil der elektrischen Energie durch Erwärmung verloren.

Um diese **Verlustwärme** zu verringern, nimmt man für die Zuführungsleitungen des Stromes zu den Geräten immer gute Leiter (dicke Kupferdrähte).

Die Stromwärme wird andererseits häufig **nutzbar** gemacht. Zu diesen Zwecken werden besondere Widerstandsdrähte verwendet, die aus bestimmten Metall-Legierungen[1]) bestehen und eine andauernde Erhitzung vertragen.

Im täglichen Leben sowie in der Technik spielen die elektrischen Heiz- und Kochapparate heute eine große Rolle.

Als **Heizdraht** verwendet man meist Chromnickel, eine Legierung, die sich durch einen hohen Schmelzpunkt und einen großen elektrischen Widerstand auszeichnet (vgl. S. 23). Als **Draht** oder **Band** wird Chromnickel auf Isolierkörper, Glimmer, Porzellan oder Keramikstoffe ausgespannt oder aufgewickelt und außerdem in eine wärmebeständige Isoliermasse eingebaut. So erhält man **„Heizwiderstände“**.

Bei den Heizkörpern dauert es nur kurze Zeit, bis die Widerstandsdrähte glühen, d. h. die Geräte warm werden. Diese Zeit nennt man die Anheiz-Zeit.

Manche Geräte sind mit **selbsttätigen Wärmereglern** ausgestattet, wie heizbare Windschutzscheiben bei Kraftwagen, Bügeleisen, Heizkissen, Warmwasserbereiter. Bei zu hoher Temperatur wird der Strom selbsttätig aus- und bei niedriger Temperatur wieder eingeschaltet.

---

[1]) Eine Legierung ist eine Schmelze aus verschiedenen Metallen, z. B. Messing aus Kupfer und Zink, Weichlot aus Blei und Zinn, Bronze aus Kupfer und Zinn.

Diese Wärmeregler beruhen auf einem ähnlichen Grundgedanken wie ein Gerät, das neuerdings als Ersatz für die Schmelzsicherung benutzt wird.

Wird die Stromstärke zu groß, so erwärmt sich ein „B i m e t a l l s t r e i f e n" (vgl. S. 86).

Dieser besteht aus zwei aufeinander gelöteten Streifen zweier Metalle, die bei Erwärmung sich verschieden stark ausdehnen.

Der Bimetallstreifen biegt sich also bei Erwärmung und trennt dadurch einen Schalter. Derartige Geräte heißen **Selbstschalter.**

Abb. 100. Tauchsieder.

Zum schnellen Erhitzen kleinerer Flüssigkeitsmengen in einem beliebigen Gefäß dient der **Tauchsieder** (Abb. 100). Der Heizkörper ist wasserdicht abgeschlossen und muß ganz in die Flüssigkeit eingetaucht werden. Der Tauchsieder gibt fast seine gesamte Wärme an die Flüssigkeit ab, hat also ganz geringe Wärmeverluste. In seiner Gebrauchsanweisung heißt es: **„Erst eintauchen, dann einschalten! Vor dem Herausnehmen abschalten!"**

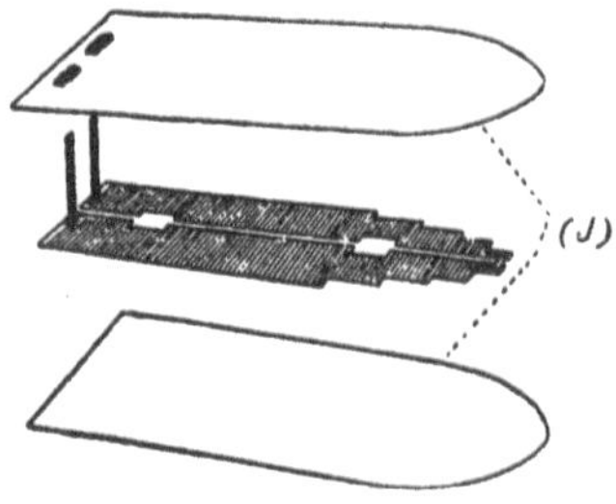

Abb. 101. Widerstandsplatte eines Bügeleisenwiderstandes, zwischen Isolierplatten (J).

Abb. 101 zeigt den Heizwiderstand eines Bügeleisens.

Der elektrische Lichtbogen

Man kann schon im kleinen öfters elektrische Flammen- oder Lichtbogen beobachten, z. B. beim Ausschalten eines Stromkreises. Die auftretenden Flammen sind bei starken Strömen schon recht unangenehm. Die S c h a l t k o n t a k t e eines großen Schalters zeigen oft die Spuren. Der Techniker spricht vom Verschmoren.

Technisch ausgenutzt wird der **Lichtbogen,** der sich zwischen zwei Kohlenstäben bildet. Die Kohle des positiven Poles brennt schneller ab. Deswegen nimmt man dafür dickere Kohlen. An der Kohle des positiven Poles bildet sich ein Krater, während die negative Kohle sich zuspitzt (Abb. 102).

Abb. 102. Lichtbogen zwischen zwei Kohlestäben.

Das **Entstehen des Kohlelichtbogens** geht folgendermaßen vor sich: Zuerst werden die beiden leitenden Kohlestäbe zur Berührung gebracht. Entfernt man nun die beiden Stäbe voneinander, so geht zwischen den Spitzen ein Flammenbogen über. Wegen des großen Widerstandes an der Unterbrechungsstelle werden die Kohlespitzen zur Weißglut erhitzt. Die Luft zwischen den Spitzen wird bei der hohen Temperatur leitend, so daß der Lichtbogen bestehen bleibt. Die glühenden Teile der Kohlestäbe, vor allem aber der positive Krater strahlen ein sehr helles Licht aus. Die starke Leuchtkraft des elektrischen Kohlelichtbogens benutzt man bei den für manche Zwecke gebrauchten Kohlebogenlampen, vor allen Dingen bei den Scheinwerfern (Flakscheinwerfer, Marinescheinwerfer, Kinolampen). [37]

Im Augenblick der Berührung der Kohlenstäbe entsteht praktisch ein **Kurzschluß**. Da hierbei der Strom sehr groß wird, muß zur Verringerung der Stromstärke ein Widerstand vorgeschaltet sein, da sonst die Sicherungen durchschlagen.

Der elektrische Flammenbogen dient weiterhin dazu, schwer schmelzbare Metalle zu verflüssigen. Dies geschieht im **elektrischen Schmelzofen** (Abb. 103).

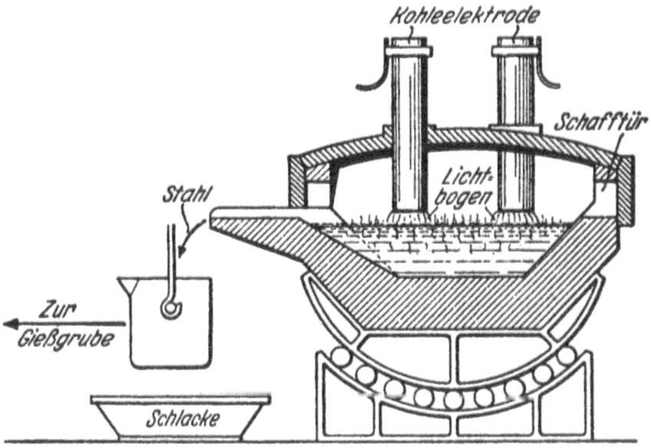

Abb. 103. Schnitt durch einen Elektroschmelzofen.

Der Elektrostahl ist eine Stahlsorte, die auf diesem Wege hergestellt wird.

Beim elektrischen **Schweißverfahren** benutzt man den elektrischen Flammenbogen, der zwischen dem Schweißgut und dem zu schweißenden Metall entsteht.

Der Schweißer berührt mit dem Metallstab, der mit dem einen Pol der Stromquelle verbunden ist, während der andere Pol am bearbeiteten Werkstück liegt, die zu schweißenden Metallstücke und bringt das im elektrischen Flammenbogen schmelzende Metall auf die Schweißnaht. Weitere Schweißverfahren vgl. S. 120.

Das elektrische Schweißverfahren spielt heute in der Technik eine sehr große Rolle. Während man früher Metallflächen zusammenschrauben oder nieten mußte, werden sie heute zusammengeschweißt. Bei einer guten Schweißung ist die Schweißstelle genau so fest wie jeder andere Teil des zu schweißenden Gegenstandes.

Die elektrische Glühlampe

Die **Lichterscheinungen,** die beim Glühen von Drähten auftreten, werden praktisch in den Glühlampen verwertet. Der Erfinder ist der Deutsche Heinrich Goebel, der im Jahre 1854 die ersten Glühlampen herstellte. Etwa 25 Jahre später hat der Amerikaner Edison sie technisch so weit vervollkommnet, daß sie in den allgemeinen Gebrauch genommen werden konnten. In früherer Zeit bestanden die Glühlampen aus einem Glaskolben, in der sich ein Kohlefaden befand. Um das Verbrennen des Kohlefadens zu verhindern, wurde die Luft aus der Glasglocke herausgesaugt. Später lernte man nach mühsamen und langjährigen Forschungsarbeiten Metalldrähte benutzen, die heute ausschließlich aus dem schwer schmelzbaren Metall „Wolfram" hergestellt werden. Abb. 104 zeigt die Feinheit der benutzten Wolframfäden.

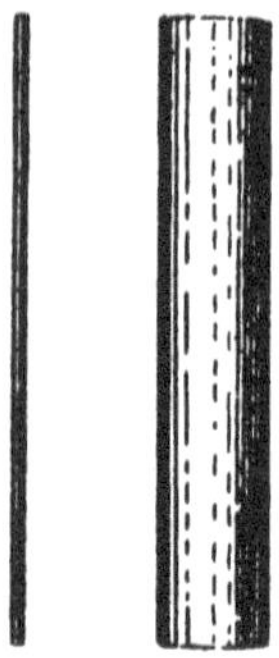

a b

Abb. 104. Vergleich des Wolframfadens (a) mit einem Menschenhaar (b), beide in gleichem Maßstab vergrößert.

Da der metallische Glühfaden bei der hohen Temperatur in der luftleeren Glocke teilweise verdampft, füllt man die Glühlampen heute mit einem Gas (Stickstoff, Nitrogenium). Diese Lampen tragen den Namen „Nitralampen" oder „Gasgefüllte Lampen".

Infolge der langsam fortschreitenden **Verdampfung** wird der Glühdraht immer schwächer, bis er schließlich ganz durchbrennt. Dazu ist noch zu bemerken, daß nach etwa **1000 Brennstunden** die Lampe unwirtschaftlich wird, auch wenn der Faden vorher nicht durchbrennt. Nach dieser Zeit hat sich der Wolframdraht so geändert, daß er bei der gegebenen Spannung mit geringerer Temperatur glüht und infolgedessen nicht mehr das größtmögliche Licht abgibt. Dazu kommt noch, daß ein Teil des Lichtes infolge der Schwärzung des Kolbens durch den Niederschlag des verdampften Wolframs verschluckt wird.

Die meistgebrauchten Glühlampen gehören zu der „Einheitsreihe“, die von der Industrie zu 15, 25, 40, 60, 75 und 100 Watt Leistung einheitlich hergestellt werden.

Auf jeder Lampe findet man Angaben über Leistung und Spannung.

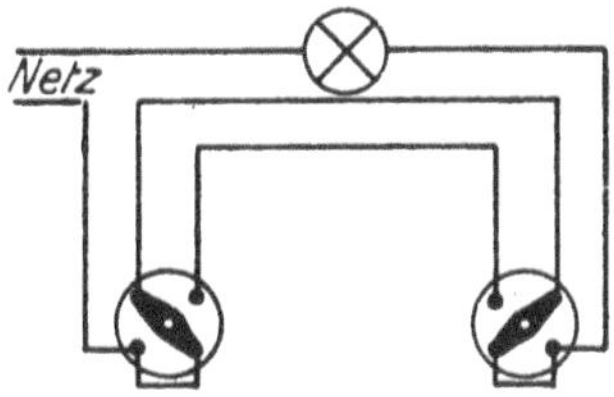

Abb. 105. Wechselschaltung.

In den Wohnungen und Betrieben sind je nach den Lichtbedürfnissen verschiedene Schaltungen für die elektrischen Glühlampen in Gebrauch.

Die **Wechselschaltung** (Abb. 105) dient dazu, eine Glühlampe von zwei verschiedenen Stellen aus ein- und auszuschalten. Hierbei ist besonders darauf zu achten, daß nur ein Pol des Netzes direkt am Schalter liegt, wie es auch die Abbildung zeigt.

Die **Gruppenschaltung** (Abb. 106) gestattet, entweder die eine

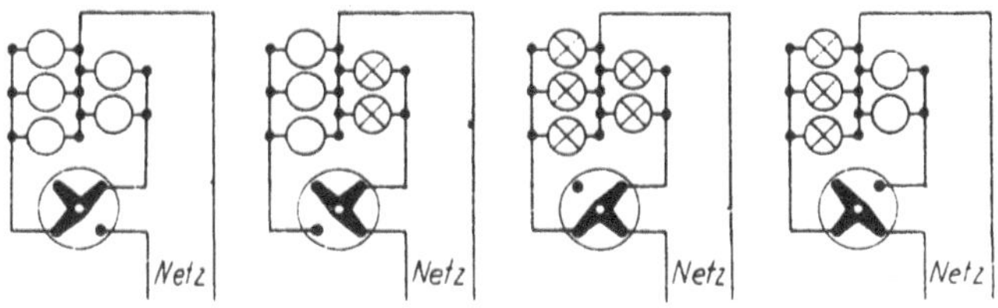

Abb. 106. Gruppenschaltung.

oder die andere Lampengruppe nacheinander oder beide zugleich ein- und auszuschalten. Der Schalter besitzt einen T-förmigen Schaltbügel.

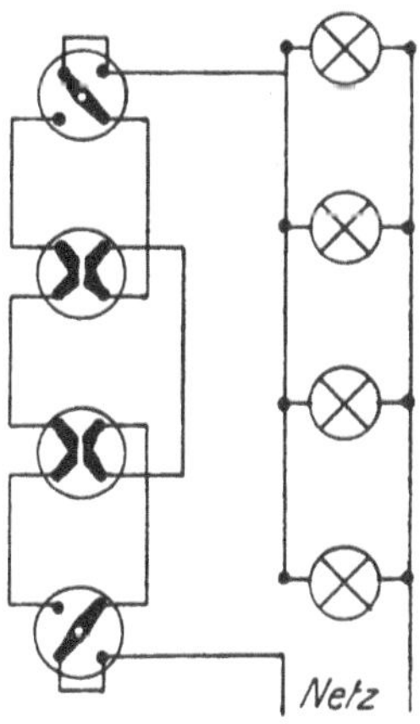

Abb. 107. Treppenhausschaltung.

In der **Treppenhausschaltung** (Abb. 107) erreicht man durch sogenannte Kreuzschalter, daß an jedem Schalter im Treppenhaus die Gesamtbeleuchtung ein- und ausgeschaltet werden kann.

Als weitere Schaltmöglichkeit findet man die **Reihenschaltung**, bei der die Glühlampen hintereinander an das Netz angeschlossen sind. So werden vielfach bei 220 Volt 16 Lampen zu je 14 Volt hintereinander geschaltet.

Freilich werden beim Durchbrennen einer einzigen Lampe alle übrigen gleichzeitig spannungslos und erlöschen daher. [38]

Das Hitzdrahtamperemeter

Wenn ein Draht erhitzt wird, dehnt er sich aus. Spannt man einen Draht straff aus und beschwert ihn in der Mitte mit einem kleinen Gewicht, so biegt der Draht sich beim Einschalten des Stromes durch (Abb. 108). [39]

Die Ausdehnung eines Drahtes durch die Elektrowärme verwendet man zur Messung der Stromstärke im „Hitzdrahtamperemeter" (Abb. 109). Der Draht AB wird in der Mitte durch einen Zugdraht, der über eine Rolle läuft, und eine Feder gespannt. Fließt ein Strom durch den Hitzdraht, so dehnt er sich aus, die

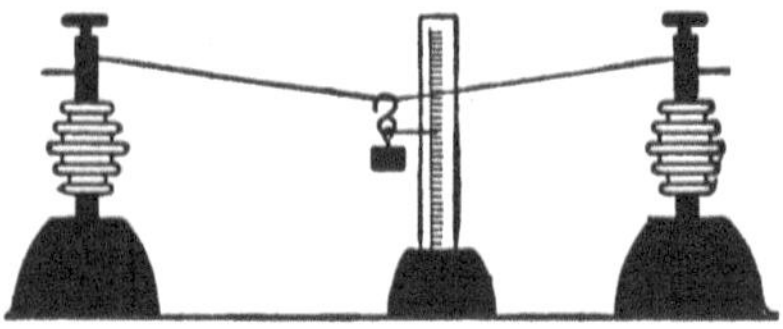

Abb. 108. Ausdehnung eines Drahtes bei Erwärmung durch den elektrischen Strom.

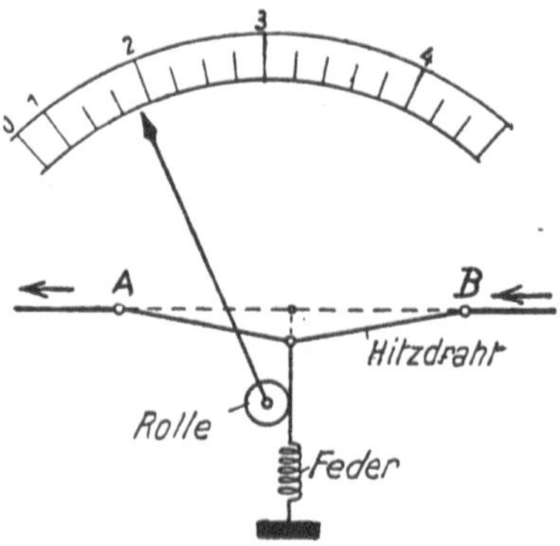

Abb. 109. Schema eines Hitzdrahtamperemeters.

Feder zieht den Hitzdraht nach unten und dreht dabei die Rolle; der Zeiger an der Rolle wandert über die Teilung.

Das Amperemeter wird nun nach einem Normalinstrument geeicht.

Da die Erwärmung des Drahtes von der Stromrichtung unabhängig ist, eignet sich das Hitzdrahtamperemeter **auch zur Messung von Wechselstrom.**

Alle Geräte, in denen die Elektrowärme ausgenutzt wird, können mit Gleich- und Wechselstrom betrieben werden.

Überblick

1. **Die elektrische Energie kann in Wärme umgewandelt werden.**
2. **Sicherungen** bewahren vor den Folgen des Kurzschlusses und vor Beschädigung der Geräte.
3. Sicherungen dürfen niemals durch Drähte überbrückt werden.
4. Beim Durchbrennen von Sicherungen zuerst Gerät abschalten und möglichst die Ursache feststellen.
5. Die erzeugte **Wärme ist abhängig von der Stromstärke.** Je größer die Stromstärke, um so größer die erzeugte Wärmemenge.

9. Chemische Wirkungen des elektrischen Stromes

Schickt man einen elektrischen Strom durch eine Flüssigkeit, so kann man durch geeignete Einrichtungen feststellen, daß in ihr genau wie in einem metallischen Leiter eine Erwärmung auftritt (vgl. S. 52).

Außerdem treten aber noch Veränderungen in der Flüssigkeit auf, sie wird zersetzt.

Füllt man ein Versuchsgefäß (Abb. 110) mit Wasser, dem man etwas Säure beigegeben hat, und schaltet den Strom ein, so beobachtet man an beiden Platten aufsteigende Gase. [40]

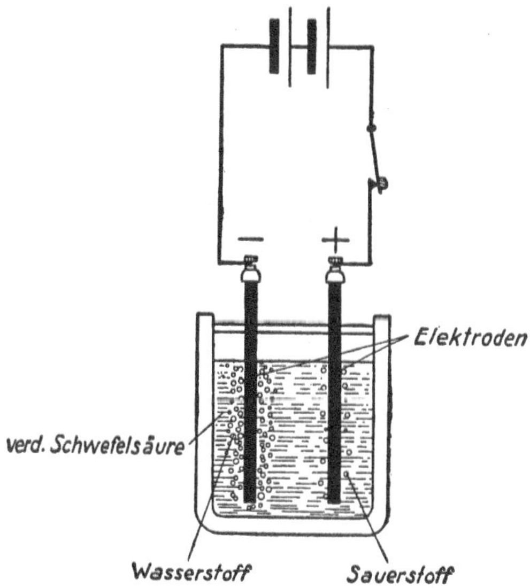

Abb. 110. Zersetzung des Wassers durch den elektrischen Strom.

Genauere Untersuchungen haben ergeben, daß die beiden Gase die Bestandteile des Wassers sind. Sie heißen Wasserstoff und Sauerstoff. Der Wasserstoff, der sich am Minuspol abscheidet, bildet sich in reichlicherem Maße (doppelt so viel) als der Sauerstoff. Er ist sehr leicht und dient deshalb trotz seiner leichten Entzündbarkeit zum Füllen von Ballons.

Der Sauerstoff ist nicht nur ein Bestandteil des Wassers, sondern kommt auch frei in der Luft vor. Er ist für den Menschen, die Tier- und Pflanzenwelt zum Atmen notwendig.

Bringt man die beiden Gase (Wasserstoff und Sauerstoff) wieder zusammen, so entsteht eine gefährliche Mischung, das Knallgas, das sehr heftig explodieren kann. [41]

Daher Vorsicht bei Zersetzungen durch den elektrischen Strom! **Kein offenes Feuer in Räumen, in denen durch den elektrischen Strom Flüssigkeiten zersetzt werden.**

Elektrolyse

Die Zersetzung von Flüssigkeiten durch den elektrischen Strom nennt man **Elektrolyse.** Die den Strom zu- und wegführenden Platten heißen **Elektroden.** Die Elektrode, die mit dem Minuspol der Stromquelle verbunden ist, wird **Kathode,** die andere **Anode** genannt. Die Flüssigkeit heißt **Elektrolyt.**

Man stellt zwei Elektroden in ein Glasgefäß mit einer Lösung eines Kupfersalzes (Kupfervitriol) und legt über einen Strommesser eine Stromquelle an (Abb. 111). Wenn der Strom eine Zeitlang durch das Zersetzungsgefäß hindurchgegangen ist, so beobachtet man auf der Oberfläche der **Kathode** einen Niederschlag von **reinem Kupfer.** Es hat sich also aus der Salzlösung das Metall Kupfer an der Kathode niedergeschlagen. [42]

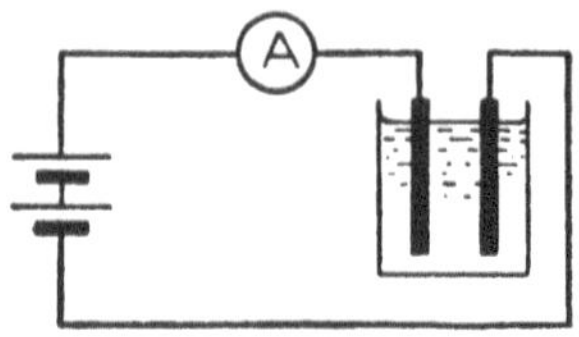

Abb. 111. Schaltung zur Elektrolyse eines Metallsalzes.

Auch bei Lösungen anderer Metallsalze z. B. von Silber, Nickel, Cadmium oder Chrom schlagen sich die reinen Metalle immer an der Kathode nieder.

Erklärung

Da bei der Elektrolyse ein Strom durch den Elektrolyten fließt, müssen sich auch Elektronen hindurchbewegen.

An den Elektroden werden aber außerdem noch Bestandteile des Elektrolyten abgeschieden. Etwas ähnliches findet beim Fließen des Stromes durch den

Metalldraht nicht statt. Die Art des Stromdurchganges muß also anders sein als beim metallischen Leiter.

Durch Untersuchung hat man folgendes festgestellt: Löst man ein Salz in Wasser, so zerfallen die meisten der gelösten Salzteilchen dabei in zwei Bestandteile; der eine dieser Bestandteile ist positiv, der andere negativ geladen. Diese geladenen Bestandteile nennt man **Ionen.** Verbindet man die in den Elektrolyten eintauchenden Elektroden mit einer Stromquelle, so wandern die **positiven Ionen** zum negativen Pol und die **negativen Ionen** zum positiven Pol. Die negativen Ionen sind also zu Trägern der Elektronen geworden im Gegensatz zum Elektronenstrom im Kupferdraht, in dem die Elektronen selbständig wandern. Die positiven Ionen, die Elektronenmangel haben und zum negativen Pol wandern, nehmen eins der dort ankommenden Elektronen auf, gleichen ihre Ladung aus und scheiden sich dann als Belag der Kathode ab.

Anwendungen der Elektrolyse

In der Technik gewinnt man einen großen Teil des benötigten Wasserstoffs und Sauerstoffs durch Zersetzung des Wassers. In jeder Werkstatt findet man die blauen Sauerstoff- und die roten Wasserstoff-Flaschen für die Schneidbrenner.

Eine andere technische Anwendung der Elektrolyse ist die **Gewinnung reiner Metalle** in der Aufbereitung und Verhüttung der Erze. Aluminium, Magnesium und Kupfer werden durch Elektrolyse im großen gewonnen.

Elektrolytkupfer enthält etwa 99,9% reines Kupfer, während das durch Ausschmelzen der Erze gewonnene Kupfer noch etwa 2% Verunreinigungen hat. Zu seiner Gewinnung wird eine Anode aus unreinem Kupfer und eine Kathode von reinem Kupfer in den Elektrolyt aus Kupfersalzlösung eingehängt, auf der Kathode schlägt sich reines Kupfer nieder, das sich von der Anode ablöst. Die so gewonnenen Kupferplatten werden umgeschmolzen, gegossen und durch Pressen, Walzen und Ziehen weiterverarbeitet.

Die Herstellung von **Metallüberzügen** — Verkupfern, Verchromen, Vernickeln, Versilbern, Vergolden — ist ein besonders wichtiges Gebiet der elektrolytischen Technik.

Die sauber gereinigten Gegenstände werden als Kathoden in Metallsalzlösungen eingehängt und durch einen schwachen Strom wird ein fest haftender Überzug hergestellt.

Ein weiteres Verwendungsgebiet ist die sogenannte **Galvanoplastik**, d. h. **Herstellung der Nachbildungen** von Münzen, Druckstöcken und Schallplatten. Man fertigt zuerst von dem Original einen Abdruck (Matrize) in Wachs oder Gips an, dessen Oberfläche man durch zweckentsprechende Behandlung leitend macht und dann in den Elektrolyt einhängt. Es entstehen so bis in die kleinsten Einzelheiten naturgetreue Nachbildungen.

Alle Aluminium enthaltenden Leichtmetalle werden leicht durch Luft und Feuchtigkeit angegriffen. Hier hat man es durch ein elektrolytisches Verfahren verstanden, das Aluminium mit **einer schützenden Schicht,** einer Aluminium-Sauerstoffverbindung (Eloxalverfahren: **Elektrisch-oxydiertes Aluminium**) zu überziehen. Diese Haut ist leicht zu färben und widersteht allen Einflüssen von Luft, Wasser, sogar von Seewasser.

Metallflugzeuge, die größtenteils aus Bauteilen derartiger Leichtmetall-Legierungen hergestellt sind, werden auf diese Art und Weise geschützt.

Überblick

1. **Elektrolyse** ist die Zerlegung von Flüssigkeit durch elektrischen Strom.
2. **Elektroden** sind die den Strom zu- und wegführenden Platten. **Kathode** ist die mit dem Minuspol, **Anode** die mit dem Pluspol verbundene Elektrode.
3. An der Kathode scheiden sich der Wasserstoff und die Metalle ab, an der Anode die Reste des Elektrolyten.
4. Elektrolyse dient zur Metallgewinnung, Herstellung von Metallüberzügen und Nachbildungen in Metallen.

10. Stromquellen

Galvanische Elemente

Durch den elektrischen Strom wird ein Elektrolyt chemisch zerlegt. Er wird in seine Bestandteile zersetzt.

Es ist auch das Umgekehrte möglich: durch chemische Umwandlung von Stoffen kann man einen Strom erzeugen, also eine **Stromquelle** herstellen.

Eine der ältesten Stromquellen ist das **„galvanische" Element.** (Galvani war ein italienischer Physiker.)

Bringt man zwei verschiedenartige geeignete Stoffe, etwa Kupfer und Zink, in einen flüssigen Leiter (z. B. Säurelösung) (Abb. 112) und verbindet die beiden Platten über die kleine Glühlampe einer Stabtaschenlampe, so leuchtet die Lampe auf, ein Voltmeter zeigt eine Spannung von etwa 1 Volt an. [43]

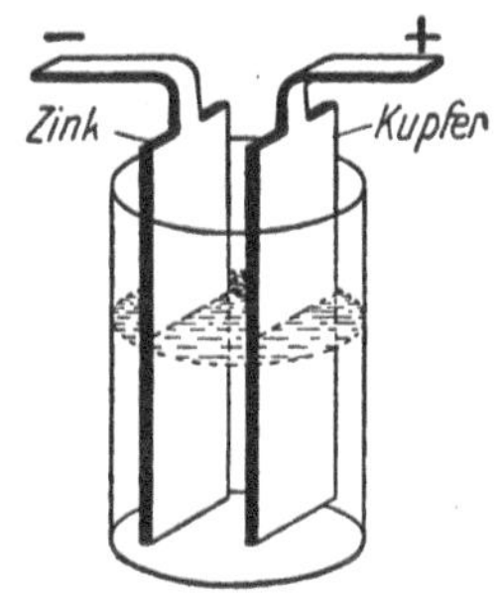

Abb. 112. Kupfer-Zink-Element.

Nach kurzer Zeit jedoch brennt die Glühlampe immer schwächer, bis sie schließlich ganz erlischt. Dies hat seinen Grund in der sogenannten **Polarisation.**

Der Strom fließt nicht nur durch den „äußeren" Stromkreis, sondern auch durch den Elektrolyten. Dabei bewirkt die Zersetzung, daß sich an der Kupferplatte Wasserstoff abscheidet, der als dünne Schicht von kleinen Bläschen die Platte überzieht. Da Gase Nichtleiter sind, wird der weitere Durchgang des Stromes verhindert. Diesen Vorgang nennt man Polarisation.

Werden durch Stoßen des Elementes oder durch Abstreichen mit einem Holzstäbchen die Bläschen entfernt, so leuchtet die Lampe wieder auf.

Das Kupfer-Zink-Element hat heute keine praktische Bedeutung mehr. Man benutzt vielmehr ein Element, das statt der Kupferelektrode einen Kohlestab und als Elektrolyt eine Salmiaklösung enthält. Es findet als Stromquelle für Klingelleitungen und Türöffner noch Verwendung.

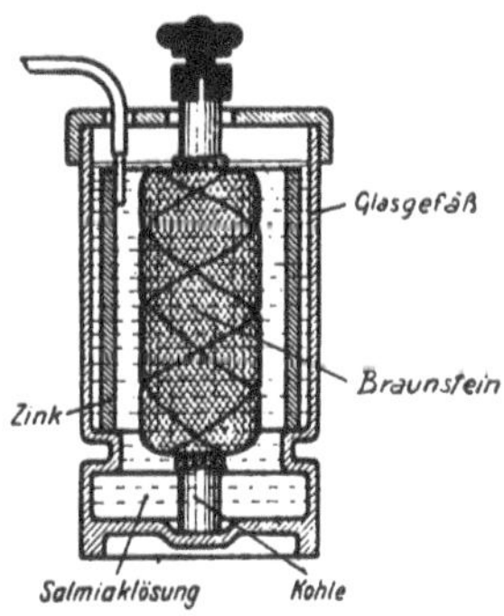

Abb. 113. Kohle-Zink-Element

Die Polarisation wird dadurch verhindert, daß der Wasserstoff in der Entstehung durch geeignete Stoffe sofort chemisch gebunden wird. Man benutzt dazu **„Braunstein"**, eine sauerstoffreiche Verbindung des Metalls M a n g a n. Der im Braunstein vorhandene Sauerstoff verbindet sich mit dem entstehenden Wasserstoff wieder zu Wasser (vgl. S. 62). Den für den Dauerbetrieb notwendigen Braunstein legt man in Beutelform um den Kohlestab herum, und so entsteht das Element nach Abb. 113.

Dieses „n a s s e" Element ist für die Verwendung als bewegliche

Stromquelle sehr unzweckmäßig. Deshalb hat man den Elektrolyten durch flüssigkeitsansaugende Stoffe verdickt. So entstand das sogenannte **„Trockenelement“.**

Dieser Name ist an sich nicht richtig, denn wenn ein Element tatsächlich trocken ist (durch allzulanges Lagern kann dieses eintreten), kann keine chemische Umsetzung auftreten, also auch kein Strom geliefert werden.

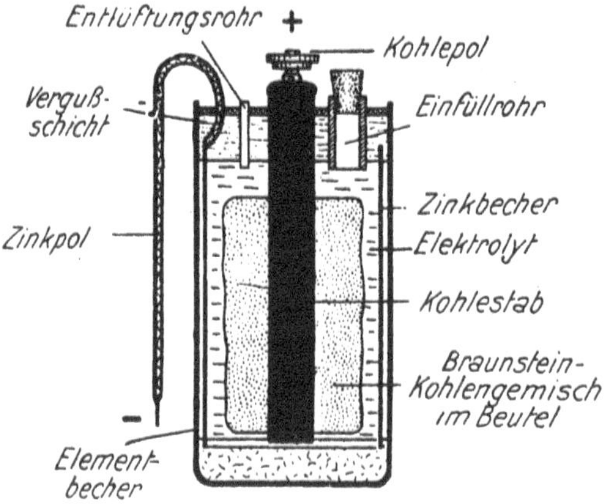

Abb. 114. Trockenelement.

Ein Trockenelement ist das **Feldelement,** das im Fernsprechbetrieb benutzt wird (Abb. 114).

Der Elektrolyt besteht aus Salmiaksalz, das bei Ingebrauchnahme des Elementes durch Eingießen von Wasser durch das Einfüllrohr aufgelöst wird. Das Wasser wird aufgesogen und dann ist das Element betriebsfähig. [44]

Um die Verdunstung des Wassers zu verringern, ist das ganze Element mit einer Asphaltmasse zugegossen und abgedichtet.

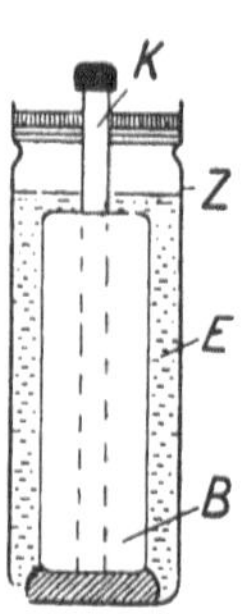

Abb. 115. Schnitt durch ein Element der Taschenlampenbatterie (K = Kohle; Z = Zink; E = Schicht mit Elektrolyt; B = Braunstein.)

Im **Luftsauerstoff-Element,** das heute viel benutzt wird, befindet sich keine Braunsteinschicht. Der entstehende Wasserstoff wird durch den Sauerstoff der Luft gebunden. Deshalb muß während des Betriebs des Elementes Luft zutreten können, während im Ruhezustand der Luftzutritt abgesperrt wird.

Auch in den **Taschenlampenbatterien** befinden sich mehrere Trockenelemente (Abb. 115), die zur Erhöhung der Spannung hintereinandergeschaltet werden (Abb. 116). Die Spannung der einzelnen Elemente ist etwa 1,3 bis 1,5 Volt.

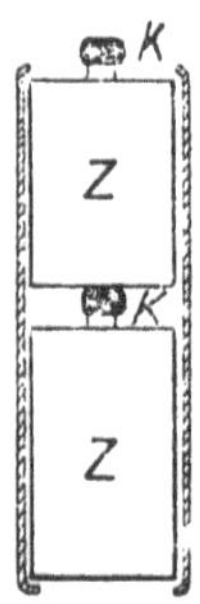

Abb. 116. Aufbau und Schaltung einer Stabbatterie.

Die beim Rundfunk verwendete **Anodenbatterie** besteht aus etwa 80—100 solcher kleiner Elemente.

Die **Lebensdauer** eines Trockenelementes hängt natürlich vom Gebrauch und von der Größe des Elementes ab. Je größer die Oberfläche der Elektroden ist, um so größere Stromstärke kann dem Element entnommen werden.

Wenn alles Zink zersetzt ist, ist das Element verbraucht und nicht mehr verwendungsfähig.

Der Sammler

In den galvanischen Elementen stehen in einem Elektrolyten zwei verschiedenartige Elektroden sich gegenüber. Bei den Sammlern wird diese Verschiedenartigkeit der Elektroden erst durch eine Elektrolyse hervorgerufen. Daher tragen die Sammler den Namen **sekundäre Elemente.**

Stellt man zwei Bleiplatten in verdünnte Schwefelsäure und schickt einen Strom hindurch, so bilden sich an den Platten Wasserstoff- und Sauerstoffbläschen. Der Sauerstoff verbindet sich mit dem Blei zu einer braunen Blei-Sauerstoffverbindung (Bleisuperoxyd). Der Wasserstoff entweicht als Gas an der Kathode (S. 61). Es stehen sich also nach der Elektrolyse zwei verschiedenartige Platten gegenüber, Blei und Bleisuperoxyd. [45]

Verbindet man jetzt nach Abb. 117 durch den Umschalter die so

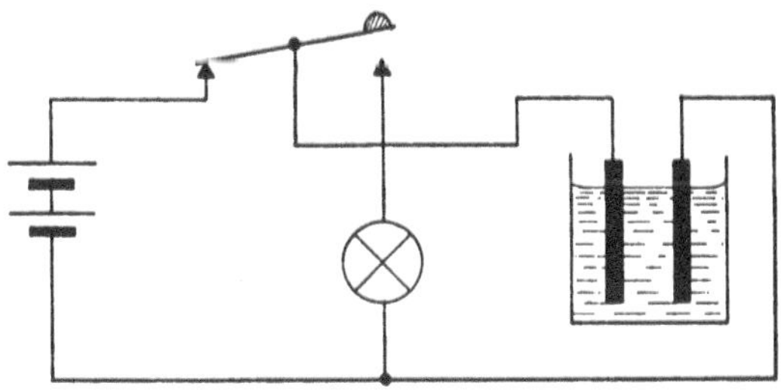

Abb. 117. Schaltung zum Laden und Entladen eines Bleisammlers (Schema).

veränderten Platten über eine kleine Glühlampe, so fließt ein Strom, der so lange anhält, bis die entstandenen chemischen Stoffe zurückgebildet sind.

Um diesen Vorgang wirksam auszunutzen, hat man die Oberfläche der positiven Bleiplatten durch Einschneiden von Nuten ver-

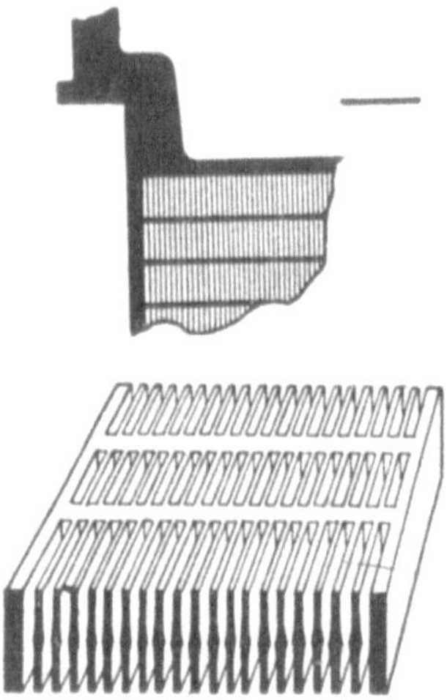

Abb. 118. Schnitt durch eine Großoberflächenplatte.

größert (Großoberflächenplatte) (Abb. 118). Die negativen Platten bestehen entweder aus Bleigittern, die mit der wirksamen Masse (Verbindungen von Blei mit Sauerstoff) ausgefüllt werden, oder aus Kastenrahmen, in die die Bleiverbindungen eingepreßt sind (Abb. 119).

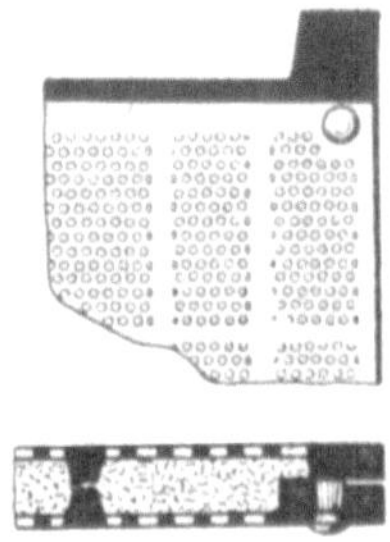

Abb. 119. Negative Kastenplatte.

So entsteht der **Blei-Sammler.**

Um die Plusplatte besser auszunutzen, stellt man ihr auf beiden Seiten eine negative Bleiplatte gegenüber.

Beim **Laden** des Sammlers wird also die elektrische Energie zunächst in chemische Energie umgewandelt.

Beim **Entladen** wird diese aufgespeicherte Energie wieder in elektrische Energie zurückverwandelt.

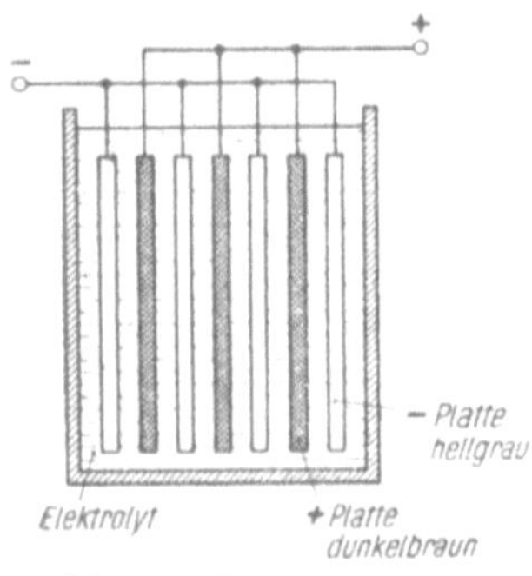

Abb. 120. Anordnungen der Platten in einem Bleisammler.

Wenn also der Sammler entladen ist, so kann man selbst durch die größten Kunstgriffe aus ihm keinen Strom mehr herauslocken, er muß neu geladen werden.

Die Spannung eines frisch geladenen Bleisammlers beträgt 2,4 Volt. Sie nimmt bei der Entladung ab. Bei 1,8 Volt gilt der Sammler als entladen.

Abb. 121. Tragbarer Sammler (Einzelle).

Die meisten Sammler bestehen aus einer Reihe von positiven und negativen Platten, die untereinander verbunden sind (Abbildung 120).

Je größer die Plattenzahl und die Plattenoberfläche, um so

größer ist das Fassungsvermögen (Kapazität) und das Abgabevermögen für elektrische Energie. Abb. 121 gibt die Ansicht eines Sammlers.

Das **Fassungsvermögen** wird in **Ampere-Stunden (Ah)** angegeben und wird auf die Entladung bezogen. Hat ein Sammler etwa 30 Ah, so können ihm 5 Stunden lang ein Strom von 6 Ampere oder 10 Stunden lang ein Strom von 3 Ampere entnommen werden. Die Amperestundenzahl eines Sammlers ist aber in weitem Maße von der **Entladestromstärke** abhängig.

Die Entnahme von zu starken Strömen ist dem Sammler schädlich, weil dadurch die chemische Rückbildung der Stoffe sehr stürmisch vor sich geht und die Platten Schaden leiden, zerfallen oder bröcklig werden.

Kurzschließen des Sammlers zerstört ihn in kürzester Zeit.

Es darf aber ein Bleisammler auch nicht längere Zeit ungeladen bleiben, weil sonst Veränderungen an den Platten vor sich gehen, die die Leistungsfähigkeit des Sammlers stark herabsetzen.

Dagegen ist die Entladung mit geringer Stromstärke für die Lebensdauer des Sammlers von großem Vorteil.

Sein Elektrolyt ist **verdünnte Schwefelsäure.**

Der **Blei-Sammler** besitzt **ein großes Gewicht,** weil das Blei sehr schwer ist. Deshalb hat die Technik aus anderen **leichteren Stoffen** Sammler hergestellt. Der wichtigste enthält als wirksame Stoffe Nickel und Cadmium in dem Elektrolyt Kalilauge und trägt den Namen NC-Sammler.

Der NC-Sammler hat aber nur eine Spannung von 1,2 Volt. Deshalb ist bei einer NC-Sammler-Batterie gleicher Spannung und Kapazität das Gesamtgewicht fast das gleiche wie das einer Blei-Sammler-Batterie. Dagegen ist er unempfindlicher gegen plötzliche starke Beanspruchung, hohe Ströme und eine unsanfte Behandlung. Aus diesem Grunde ist er bei der Wehrmacht, insbesondere bei beweglichen und tragbaren Geräten eingeführt. Die Herstellungskosten sind dagegen erheblich höher als die der Blei-Sammler.

Pflege und Behandlung der Sammler

Entnimmt man dem Sammler längere Zeit einen bestimmten Strom, so sinkt seine Spannung langsam ab, von 2,4 bis 1,8 Volt. Auch die Dichte der Säure nimmt bei der Entladung ab. Die Dichte der Säure wird in einem sogenannten **Dichtemesser** (Säure-prüfer) überprüft (Abb. 122). Man kann aus der Farbe der Platten auf den Ladezustand des Sammlers schließen: Beim vollgeladenen Sammler ist die positive Platte dunkelbraun, die negative mausgrau. In entladenem Zustande sehen beide Plattenarten hellgraubraun aus.

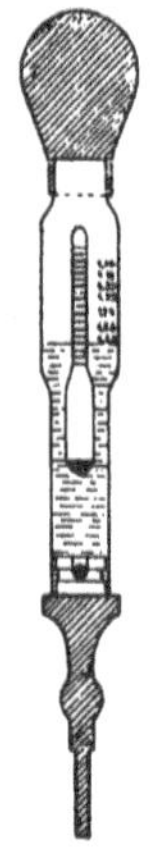

Abb. 122. Zur Messung der Säuredichte dient der Säureprüfer.

Ist der Sammler entladen, so muß er sofort wieder aufgeladen werden.

Das **Laden** geschieht dadurch, daß er an eine Gleichstromquelle angeschlossen wird, und zwar der Pluspol des Sammlers an den Pluspol der Stromquelle, der Minuspol des Sammlers an den Minuspol der Stromquelle. Da bei der Ladung die Spannung des Sammlers auf etwa 2,6 bis 2,8 Volt je Zelle steigt, muß die Ladespannung je Zelle etwa 3 Volt betragen.

Die Beendigung der Ladung erkennt man an der lebhaften Gasentwicklung im Sammler. Man sagt, der Sammler „kocht".

Die entstehenden Gase Wasserstoff und Sauerstoff bilden zusammen das **Knallgas**, welches durch den gasdurchlässigen Stopfen des Gefäßes entweicht (vgl. S. 62). Man darf deswegen **Räume**, in denen Sammler geladen werden, **niemals mit brennenden Lichtern oder offenen Flammen betreten.**

Die **Ladezeit** kann nach der Ampere-Stundenzahl festgestellt werden. Da aber bei dem chemischen Umsatz etwa **25 v. H. Verluste** auftreten, muß man etwa ein Viertel der berechneten Zeit hinzuzählen. Beispiel: Ein Sammler hat 30 Amperestunden, man würde ihn also mit 1 Ampere etwa 30 + $7^1/_2$, also $37^1/_2$ Stunden aufladen müssen.

Auch ein geladener Sammler, wenn er unbenutzt steht, soll monatlich nachgeladen und vierteljährlich entladen und neugeladen werden.

Durch den dauernden chemischen Umsatz der Bestandteile der Platten bildet sich nach und nach am Boden des Gefäßes ein brauner Schlamm, der mit dem Stechheber entfernt werden muß. Ebenso müssen einzelne Stücke, die aus den Platten herausfallen und eine leitende Verbindung zwischen den Platten hervorrufen, entfernt werden.

Für den **NC**-Sammler gelten ähnliche Vorschriften, wobei besonders darauf zu achten ist, daß der NC-Sammler Kalilauge enthält, der Blei-Sammler dagegen verdünnte Schwefelsäure. Durch Verwechseln der beiden Elektrolyte beim Füllen der Sammler werden die Sammler restlos vernichtet, ja, es können sogar starke Zerstörungen und Explosionen auftreten.

Darum Vorsicht beim Nachfüllen von Sammlern! Dieses soll nur von Sammler-Ladewarten geschehen, die die Notwendigkeit durch Prüfung feststellen.

Das verdunstete Wasser darf nur durch chemisch reines Wasser ersetzt werden, niemals durch Leitungswasser.

Die Sammler finden dort **Anwendung**, wo ein Anschluß an die Starkstromleitungen der Elektrizitätswerke nicht möglich ist. Insbesondere Fahrzeuge aller Art benutzen als Stromquellen Sammler, so z. B. Schiffe, Kraftwagen, Triebwagen, Lastkarren usw. Ferner werden dort Sammler eingebaut, wo man von einer Störung in der Stromlieferung des Elektrizitätswerkes unabhängig sein will, z. B. in Fernsprech- und Telegraphenämtern, bei Notbeleuchtungen usw.

Überblick

1. Durch chemische Umsetzung wird in den „Elementen“ eine Spannung erzeugt.
2. Das Element besteht aus zwei verschiedenartigen Elektroden, die in einen Elektrolyten eintauchen.
3. Beim Trockenelement ist der Elektrolyt durch flüssigkeitsansaugende Stoffe verdickt.
4. Der **Sammler** ist ein sekundäres Element. Er muß durch einen Strom geladen werden, wobei sich chemische Umsetzungen ergeben. Er liefert Strom so lange, bis diese Umsetzungen wieder rückgängig gemacht sind.
5. Der **Blei-Sammler** enthält als Elektroden Blei und Bleiverbindungen. Der Elektrolyt ist Schwefelsäure. Spannung 2 Volt.
6. Der **NC-Sammler** enthält Elektroden aus Nickel- und Cadmiumverbindungen. Sein Elektrolyt ist Kalilauge. Spannung 1,2 Volt.
7. Die **Kapazität eines Sammlers** wird in Amperestunden und für zehnstündige Entladung angegeben.

11. Der Magnetismus

Magnetische Grunderscheinungen

Magnete haben die Fähigkeit, Eisen anzuziehen und festzuhalten. Es gibt *natürliche Magnete*, d. h. solche, die in der Natur vorkommen, und *künstliche Magnete*, das sind Körper, die durch besondere Behandlung technischer Art diese Eigenschaften erhalten. Die natürlichen Magnete bestehen meistens aus einem Eisenerz, dem sogenannten Magneteisenstein, einer chemischen Verbindung von Eisen und Sauerstoff, die in der Natur häufig vorkommt.

Künstliche Magnete stellt man aus Stahl oder Stahllegierungen her.

Die Anziehungskraft des Magnets wirkt nicht nur durch die Luft, sondern auch durch manche andere Körper hindurch. Durch Glas, Holz, Gewebe, Papier usw. zieht der Magnet ein Stück Eisen an. [46]

Untersucht man die *Anziehungskraft eines Magnets*, indem man ihn in Eisenfeilicht legt und dann heraushebt, so findet man, daß es Stellen stärkster Wirkung gibt, die man *Pole* nennt (Abb. 123). An anderen Stellen äußert sich die Kraft nur wenig oder gar nicht. Ein *Stabmagnet* hat je einen Magnetpol an den beiden Enden. [47]

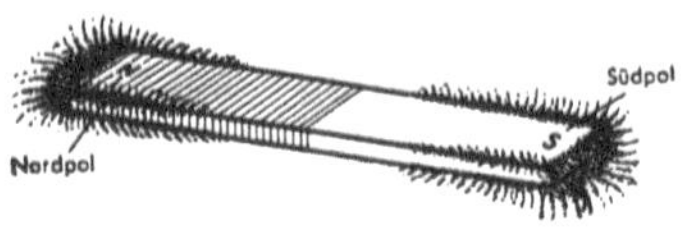

Abb. 123. Stabmagnet mit Eisenfeilicht.

Um die Wirkung eines Stabmagnets zu vergrößern, kann man ihn in die Form eines Hufeisens biegen und erhält dadurch den bekannten **Hufeisenmagnet** (vgl. S. 75). Ein vor den Magnet gebrachtes Eisenstück wird jetzt von beiden Polen gleichzeitig angezogen. Ein Eisenstück, das die Pole miteinander verbindet, also sozusagen „verankert", heißt *Anker*.

Hängt man einen Stabmagnet an einem dünnen Faden waagerecht auf, läßt ihn freischwebend ruhig ausschwingen und stört diese Schwingungen nicht durch in der Nähe befindliche Eisenteile, so stellt sich dieser Magnetstab in die Richtung nach Norden ein. Den nach Norden weisenden Pol nennt man den **Nordpol.** Meistens wird er durch blaue Färbung gekennzeichnet. Den entgegengesetzten Pol nennt man **Südpol.** Auf dieser Eigenschaft eines freischwebenden Magnets, sich nach Norden einzustellen, beruht die Anwendung der **Magnetnadel** (Abb. 124). [48]

Die Verwendung der Magnetnadel im **Kompaß** ist allgemein bekannt. Mit einem Kompaß kann man die Nord—Süd-Richtung feststellen, jedoch müssen aus seiner Nähe alle Gegenstände, die Eisen enthalten, entfernt werden, da sonst die Kompaßnadel nicht richtig anzeigt. Abb. 125 zeigt einen Marschkompaß, wie er bei der Wehrmacht und der vormilitärischen Ausbildung benutzt wird.

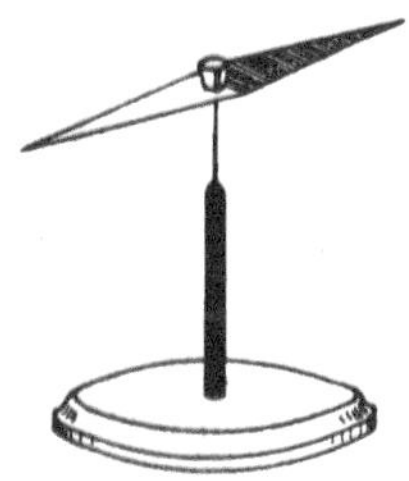

Abb. 124. Magnetnadel.

Nähert man dem Nordpol eines Magnets den Nordpol der Magnetnadel, so bemerkt man, daß die Pole sich abstoßen; nähert man dem Nordpol den Südpol eines anderen Magnets, so ziehen die beiden Pole sich an. [49]

Abb. 125 Marschkompaß.

Daraus folgt: **Gleichnamige Pole stoßen sich ab, ungleichnamige ziehen sich an.**

Eine stählerne Stricknadel, die keine Spur von Magnetismus zeigt, wird mit dem Pol eines Magnetstabes, in der Mitte der Nadel aufsetzend, langsam zu einem Ende hin bestrichen (Abb. 126). Man führt den Magnet im Bogen durch die Luft zur Mitte der Nadel zurück und wiederholt dieses Überstreichen mehrere Male. Legt man die Stricknadel in Eisenfeilicht, so stellt man fest, daß sie magnetisch geworden ist. (Magnetisieren.) [50]

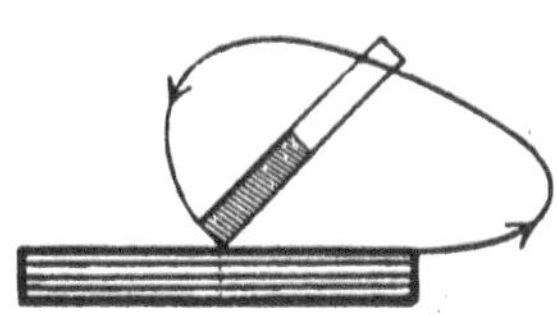

Abb. 126. Magnetisieren eines Stahlstabes.

Macht man den Versuch mit einem Stabe aus weichem Schmiedeeisen, so nimmt dieser Stab fast keinen Magnetismus an.

Stahl behält also den Magnetismus (Dauermagnet), während „weiches Eisen“ den Magnetismus wieder verliert.

Um die Wirkung eines Magnets zu verstärken, legt man mehrere Magnete mit den gleichnamigen Polen zusammen.

Derartige Magnete benutzt man bei Zündmaschinen, bei den sogenannten Zündmagneten von Flug- und Kraftwagenmotoren und in der Fernsprechtechnik beim Kurbelinduktor (vgl. S. 110).

Zerbricht man eine magnetische Stricknadel oder einen magnetischen Stahlstab und untersucht dann beide Stücke in Eisenfeilicht, so stellt man fest, daß jetzt beide Teile *je einen Nord-* **und** *einen Südpol* erhalten haben. Dieses Verfahren kann man bis zu den kleinsten Teilchen weiterführen, und wenn man es sich fortgesetzt denkt bis zu den kleinsten noch physikalisch teilbaren Teilchen, den Molekülen (vgl. S. 2), *so hat jedes Stahlmolekül einen Nord- und Südpol.*

Die Moleküle eines Stoffes liegen ebenso wie die Atome nicht fest zusammen, sondern können sich etwas bewegen. Im unmagnetischen Zustand liegen sie in Unordnung durcheinander (Abb. 127). Wie eine Magnetnadel von einem in die Nähe gebrachten Magnet *gerichtet* wird, so werden auch die molekularen Magnete von dem über sie wegstreichenden Magnet gerichtet. Es steht dann jeweils einem Nordpol ein Südpol gegenüber, so daß die Kraftwirkungen der Molekularmagnete in der Mitte der Stahlnadel aufgehoben werden. Nur an den beiden Enden treten dann nach außen hin wirksame Pole auf (Abb. 128).

Abb. 127. Lage kleiner Eisenmagnete vor dem Magnetisieren.

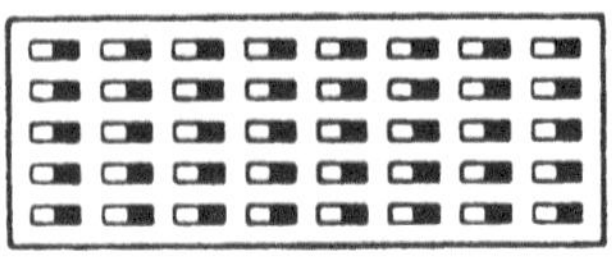

Abb. 128. Ausrichten beim Magnetisieren.

Bei Stahl hat diese einmal angenommene Richtung der molekularen Magnete einen dauernden Bestand (**Dauermagnetismus**).

Daher ist auch leicht zu erklären, warum an der Bruchstelle eines Magnets neue Pole entstehen. Glüht man eine magnetisierte Stricknadel aus oder klopft sie gründlich mit einem Hammer, so verliert die Nadel ihren Magnetismus. *Die molekularen Magnete werden durch die Wärme oder durch die Stöße wieder durcheinandergewürfelt.* Die magnetische Wirkung nach außen verschwindet (*Entmagnetisieren*).

Das magnetische Feld

Legt man auf einen Stabmagnet, der waagerecht liegt, einen Bogen Papier und streut darauf Eisenfeilicht, so entsteht, wenn man das Papier etwas klopft, ein **Kraftlinienbild** (Abb. 129). [51]

Legt man den Bogen auf einen Pol eines senkrecht gestellten Stabmagnets, so erhält man ein Bild nach Abb. 130.

Die Kraftlinien gehen vom Nordpol eines Magnets zum Südpol eines anderen hinüber und sind besonders in der Nähe der Pole sehr dicht (Abb. 131). Sie stellen die Richtung der magnetischen Kraft dar.

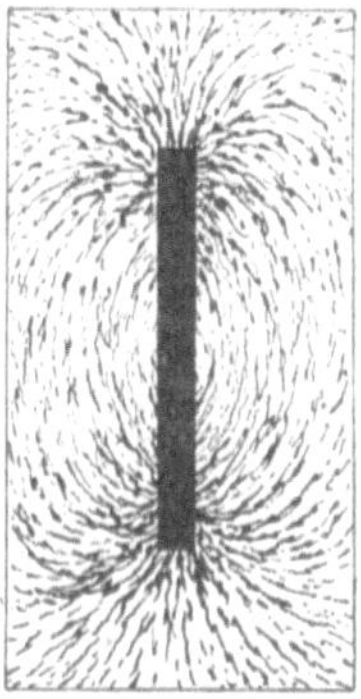

Abb. 129. Kraftfeld eines Stabmagnets.

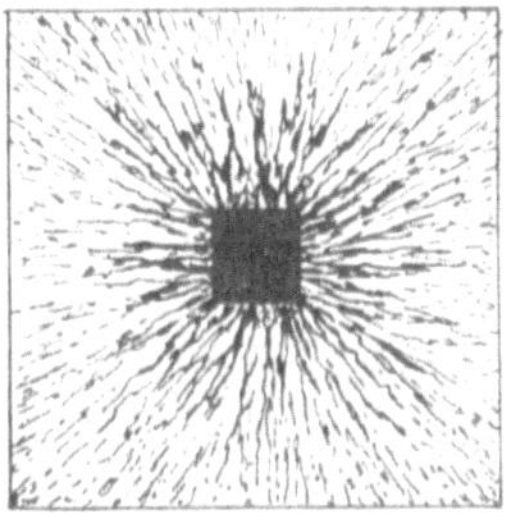

Abb. 130. Schnitt durch das Magnetfeld um einen Pol.

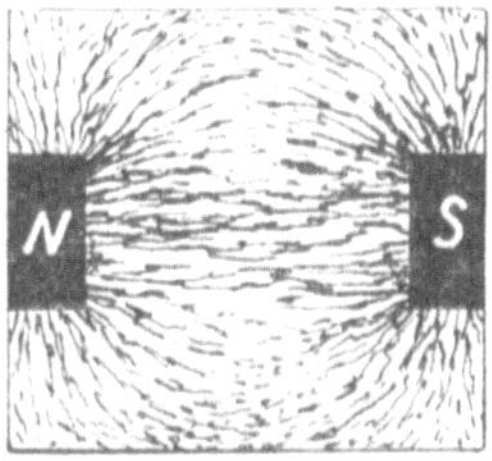

Abb 131. Kraftlinien zwischen Nord- und Südpol zweier Stabmagnete.

Abb. 132 zeigt den Verlauf der Kraftlinien zwischen den Polen eines Hufeisenmagnets. Wenn man auf diese Art und Weise die Kraftlinienbilder in der ganzen Umgebung eines Magnets herstellt, erhält man eine Vorstellung, wie die **Kraftlinien im Raume** verlaufen.

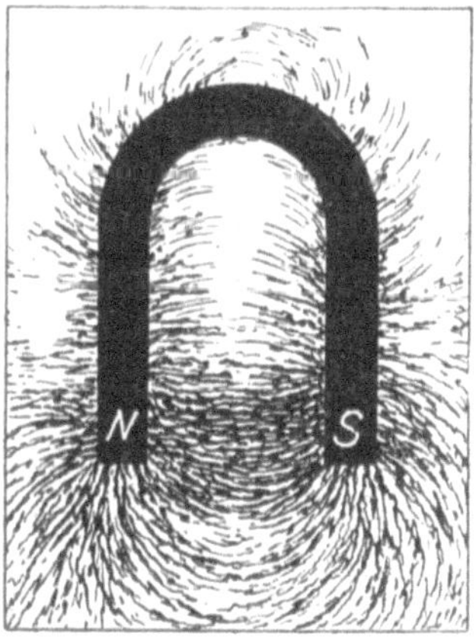

Abb. 132. Kraftlinienbild eines Hufeisenmagnets.

Die Gesamtheit des Raumes, in dem magnetische Kraftlinien vorhanden sind, nennt man das **magnetische Feld.** Dabei wird die Stärke des Feldes an einer bestimmten Stelle durch die Dichte der Kraftlinien gekennzeichnet.

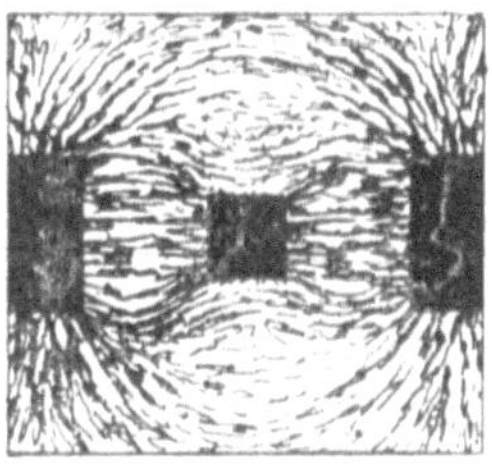

Abb. 133. Eisenstück im Magnetfeld zwischen zwei Polen.

Legt man zwischen die Pole eines Hufeisenmagnets ein Eisenstück (Abb. 133), so drängen sich die Kraftlinien in dem Eisen zusammen und sind hier viel dichter als in anderen Körpern. In

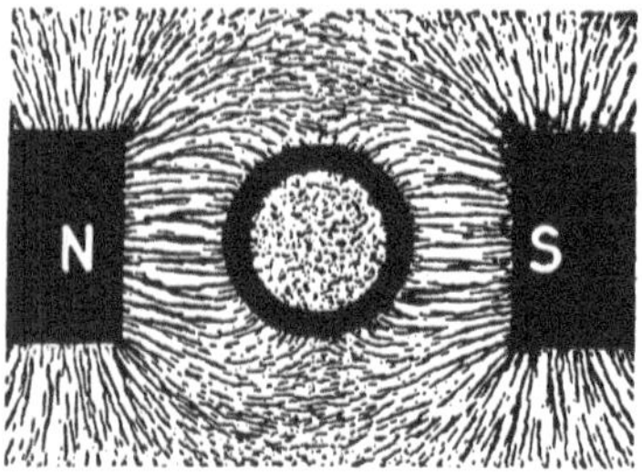

Abb. 134. Abschirmen eines Raumes gegen magnetische Kraftlinien durch einen Eisenring.

dem von Kraftlinien durchsetzten Eisenstück werden die Moleküle ebenfalls gerichtet, es wird selbst zu einem Magnet. Innerhalb eines Eisenringes (Abb. 134) befinden sich überhaupt keine Kraftlinien, so daß man durch sogenannte Eisenpanzerung einen Raum vor magnetischen Kraftlinien schützen und abschirmen kann. Von dieser Erscheinung wird in der Technik häufig Gebrauch gemacht, um Räume oder Geräte vor den Einwirkungen magnetischer Kräfte abzuschirmen.

Das Magnetfeld der Erde

Die freischwingende Magnetnadel und der Kompaß zeigten, daß die Erde ein magnetisches Feld besitzt, und zwar reicht dieses Feld um die ganze Erde (Abb. 135).

Auch an der Erdkugel hat man zwei Pole festgestellt, so daß die Erde als ein großer Kugelmagnet angesehen werden kann. Der eine Pol liegt im Norden, in Nordamerika auf einer Halbinsel, Boothia felix, der andere südlich von Australien.

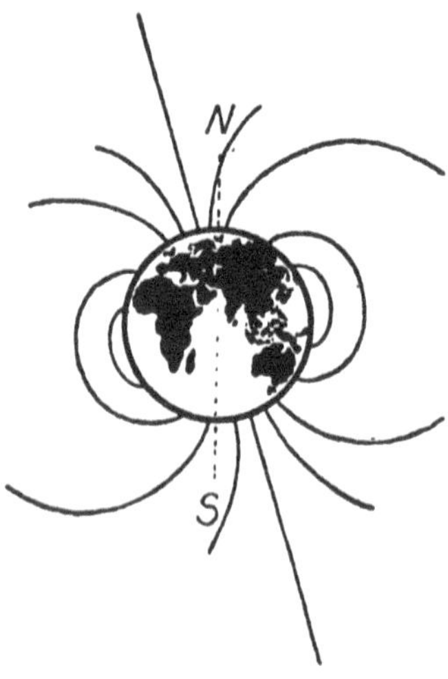

Abb. 135. Kraftfeld der Erde.

Da der **magnetische Nordpol** nicht mit dem geographischen Nordpol der Erde zusammenfällt, zeigt die Kompaßnadel nicht genau nach Norden, sondern sie weicht von der Nord-Süd-Linie um einen bestimmten Winkel ab. Dieser Winkel hat die Bezeichnung **Mißweisung** (Deklination). Für die See- und Luftfahrt ist diese Mißweisung von großer Bedeutung. — Jede Kompaßablesung muß um den Betrag der Mißweisung berichtigt werden.

Die Mißweisung ist an allen Orten Deutschlands verschieden. Deswegen trägt man in den Ortungskarten die Größe der magnetischen Mißweisung in Linien gleicher Mißweisung ein. Sie ändert sich mit der Zeit, und zwar in etwa 5 Jahren um 1°.

Überblick

1. Der Magnet hat zwei Orte stärkster Wirkung, die **Magnetpole.**
2. Gleichnamige Pole stoßen einander ab, ungleichnamige ziehen einander an.
3. Zwischen den Polen verlaufen die **magnetischen Kraftlinien.**
4. Der von magnetischen Kraftlinien erfüllte Raum heißt **magnetisches Feld.**
5. Die Erde hat zwei Magnetpole, einen magnetischen **Nord-** und einen **Südpol.**
6. Die Magnetpole der Erde fallen nicht mit dem geographischen Nord- und Südpol zusammen.
7. Die magnetische **Mißweisung** ist für die Luft- und Seefahrt von großer Bedeutung.

12. Magnetische Wirkungen des Stromes

Magnetfeld des Stromes

Bringt man eine Magnetnadel in die Nähe eines Leiters (Ab. 136), durch den ein elektrischer Strom fließt, so wird die Nadel abgelenkt. In der Nähe eines stromführenden Leiters muß also ein Magnetfeld sein. [52]

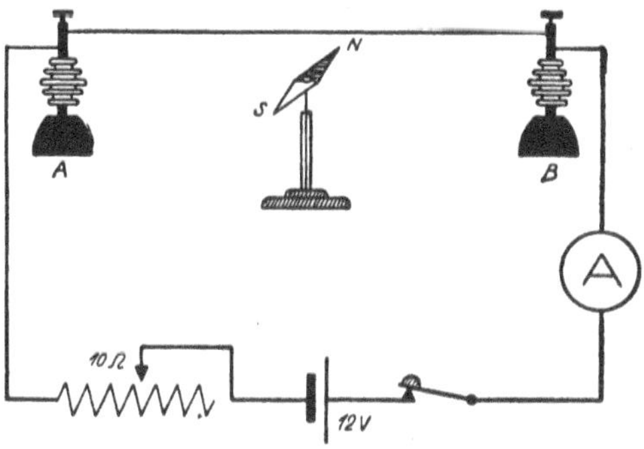

Abb. 136. Ablenkung einer Magnetnadel durch den elektrischen Strom.

Um die Form dieses Feldes zu untersuchen, steckt man einen Leitungsdraht durch einen Pappkarton nach Abb. 137. Den Karton bestreut man mit Eisenfeilicht und schickt durch den Draht einen **starken Strom.** Die Eisenteilchen ordnen sich in Kreisen um den Draht. [53]

Um den Raum in der Umgebung des Leiters zu untersuchen, biegt man den Draht zum Kreis (Abb. 138) und wiederholt den Versuch.

Zu einem weiteren Versuch schickt man den Strom durch eine Spule nach Abb. 139 und beobachtet nun das Kraftlinienbild der Spule. Im Innern der Spule laufen die Kraftlinien parallel, man spricht von einem homogenen Feld. [54]

Wie ein Stabmagnet zwei Pole hat (Nord- und Südpol), so sind auch bei einer Spule zwei Pole vorhanden (Abb. 140). Bringt man eine Magnetnadel an das eine Spulenende heran, so findet man, daß dort der Nordpol ist, wo der Strom **entgegengesetzt dem Uhrzeigersinn** den Spulenkern umläuft. Am **Südpol** läuft der Strom im **Uhrzeigersinn** (Abb. 141).

Die **Anziehungskraft** einer stromdurchflossenen Spule kann sehr groß werden; sie hängt von der **Stromstärke** ab und der **Anzahl der Windungen,** die auf ein Zentimeter Spulenlänge entfallen.

Wenn man einen Eisenstab mit dem einen Ende in die Spule hineinbringt, so wird der Stab beim Einschalten des Stromes in die Spule hineingezogen. [55]

Elektromagnet

Die magnetische Kraft der Spule wird noch erheblich verstärkt, wenn man in die Spule einen Eisenkern einführt, weil dieses Eisen auch magnetisch wird und dadurch das Feld der Spule verstärkt wird (vgl. S. 76) (Abb. 142). Eine solche Spule mit einem Kern von weichem Eisen nennt man einen **Elektromagnet.** [56]

Da der **Eisenkern aus weichem Eisen** besteht, bleibt er nur solange magnetisch, wie ein Strom fließt. Schaltet man den Strom aus, so bricht das Magnetfeld zusammen.

Um die Wirkung eines Elektromagnets zu verstärken, biegt man den Kern in **Hufeisenform** (vgl. S. 75). Dadurch wird der Weg der Kraftlinien verkürzt und ihre Kraft erheblich größer. [57]

Wenn der Anker unmittelbar fest an den Polen anliegt, verlaufen alle Kraftlinien durch das Eisen. Er haftet dann außerordentlich fest (Abb. 143). Dieses Anliegen nennt man „Eisenschluß“ des Ankers. [58]

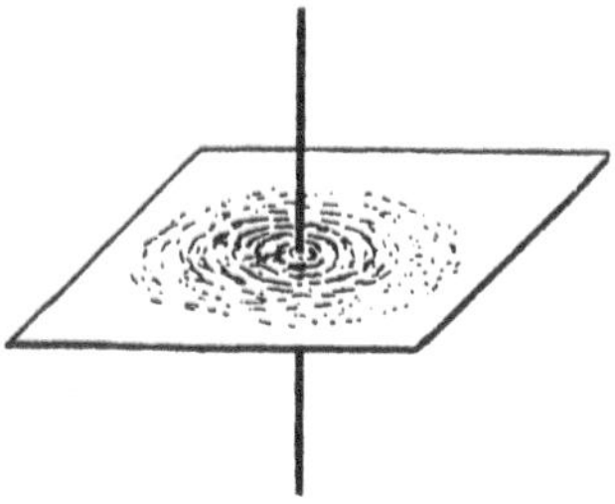

Abb. 137. Magnetfeld um einen geraden Leiter.

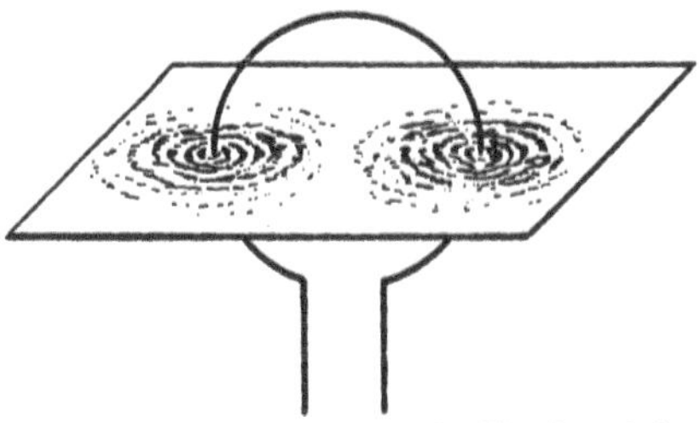

Abb. 138. Magnetfeld eines ringförmigen Leiters

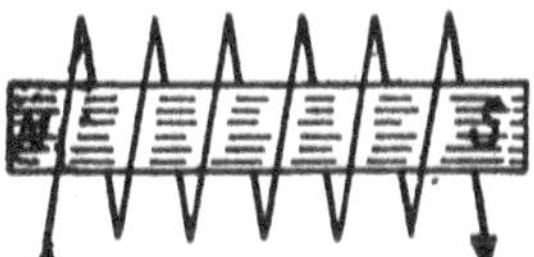

Abb. 140. Schema eines Elektromagnets.

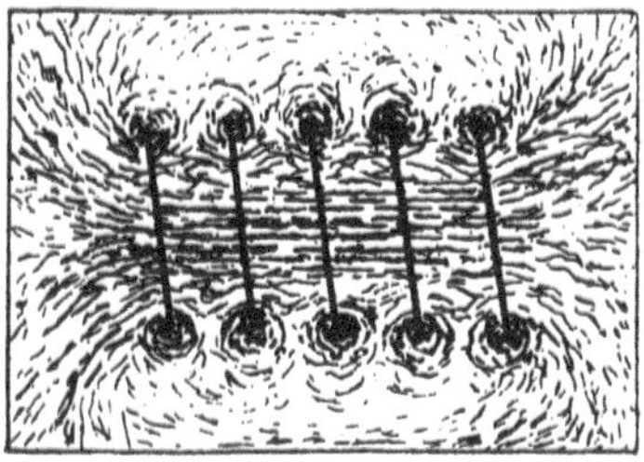

Abb. 139. Magnetfeld einer Spule.

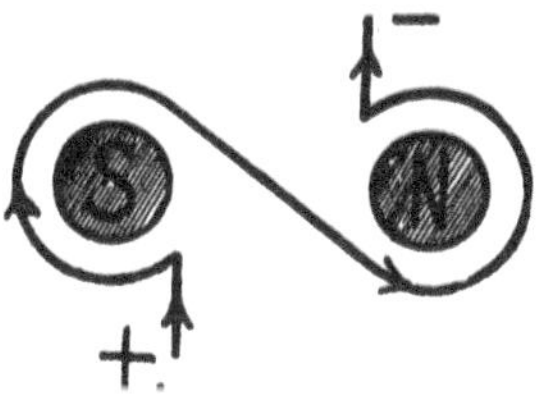

Abb. 141.
Polung des Elektromagnets:
Strom im Uhrzeigersinn
— Südpol vorn;
Strom im Gegenuhrzeigersinn
— Nordpol vorn.

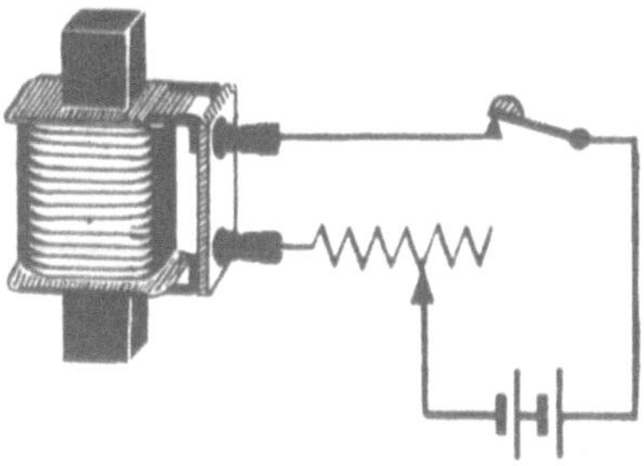

Abb. 142.
Eine stromdurchflossene Spule mit Eisenstab ist ein Elektromagnet.

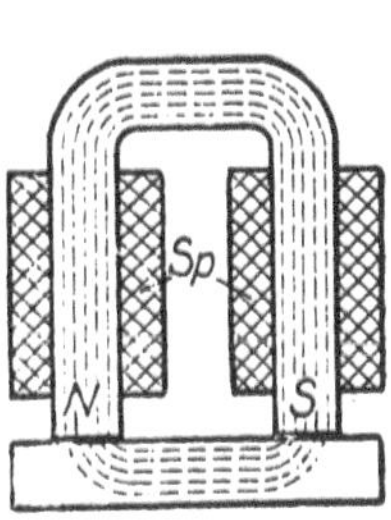

Abb. 143.
Verlauf der Kraftlinien durch Anker und Kern eines Hufeisenelektromagnets

Man hat es in der Hand, das Magnetfeld des Elektromagnets plötzlich entstehen oder verschwinden zu lassen, indem man den Strom ein- oder ausschaltet.

Diese Möglichkeit wird in weitem Umfang in der Technik ausgenutzt, wenn es gilt, magnetische Wirkungen auf schnellstem Wege zu erzeugen und zu vernichten.

Technische Anwendungen des Elektromagnets

Die Anwendung des Elektromagnets in Wissenschaft, Technik, Industrie und im täglichen Leben bietet eine solche Fülle von Beispielen, daß hier nur einige grundsätzliche behandelt werden können.

Die Kraft des Elektromagnets wird in der Technik, besonders in der Eisenindustrie zum Tragen großer Eisenlasten verwendet.

Abb. 144. Ein Elektromagnet trägt eine Last von 75000 Kilo (Krupp).

Abb. 144 zeigt einen **Lasthebemagnet,** der die schweren Eisenblöcke mit Leichtigkeit trägt.

Der Fernhörer (Telephon)

Durch das Mikrophon (S. 28) werden die Schallschwingungen der Sprache und Musik in Schwankungen eines Gleichstromes umgeformt. Dieser „modulierte" Gleichstrom wird an der Empfängerseite durch den Fernhörer wieder in Schallschwingungen um-

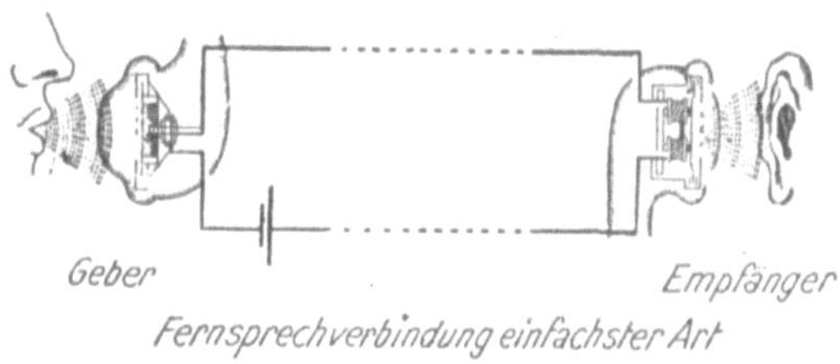

Abb. 145. Mikrophonstrom betätigt einen Fernhörer.

gewandelt (Abb. 145). Der Fernhörer besteht aus einem polarisierten Elektromagnet besonderer Bauart. Beim **polarisierten Elektromagnet** ist der Eisenkern ein Dauermagnet. Ihm steht, durch einen schmalen Luftspalt getrennt, ein Anker gegenüber. Schon bei geringsten Stromschwankungen wird der vorhandene Magnetismus des Hufeisenmagnets verstärkt oder geschwächt, so daß die elektromagnetische Wirkung erheblich empfindlicher einsetzt. Überall dort, wo noch ganz geringe Stromstöße und Schwankungen zur Wirkung kommen sollen, werden solche polarisierten Magnete verwendet.

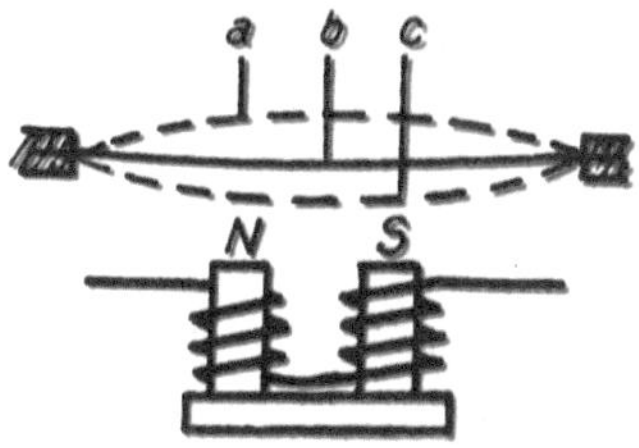

Abb. 146. Wirkungsweise des Fernhörers (schematisch) a) Abstoßung, b) Ruhelage, c) Anziehung der Membran.

Abb. 146 zeigt den schematischen Aufbau des Fernhörers. Dem Hufeisenmagnet N S steht eine dünne lackierte Eisenplatte **(Membran)** gegenüber, die durch den vorhandenen Magnetismus etwas durchgebogen und dadurch dauernd gespannt ist (Abb. 146b). Infolge der Beeinflussung des Magnetismus durch die ankommenden Stromschwankungen schwingt die Membran zwischen den Lagen a und c hin und her, und zwar im Takte der Stromschwankungen. [59]

Dieses Hin- und Hergehen der Membran im Takt der Mikrophonströme versetzt die Luft in Schwingungen, die man als Töne hört. Um störende Geräusche abzuhalten und den Ton zu verstärken, ist auf den Fernhörer eine **Hörmuschel** aufgeschraubt.

Abb. 147 und 148 zeigen den technischen Aufbau eines Kopf-

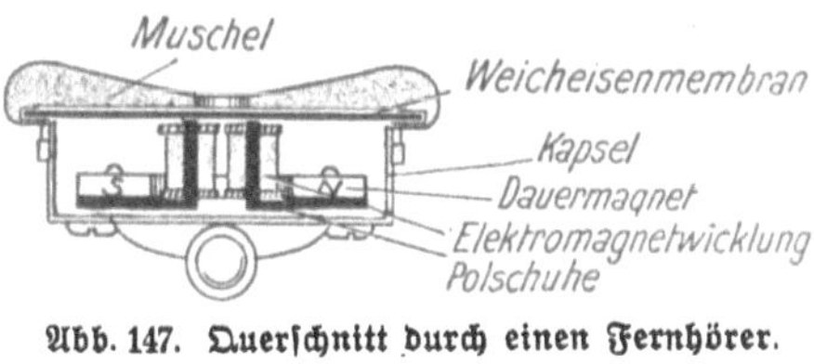

Abb. 147. Querschnitt durch einen Fernhörer.

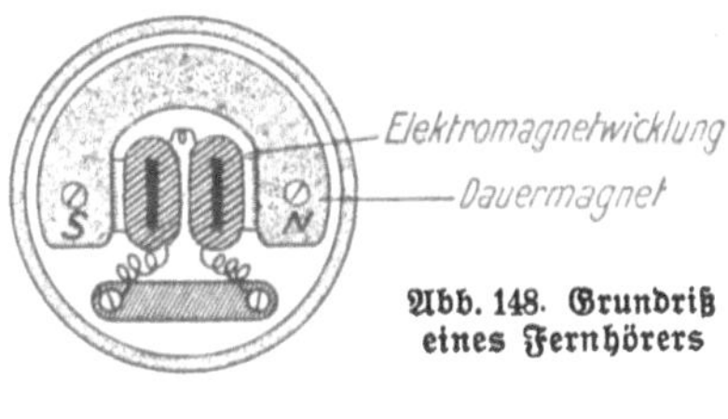

Abb. 148. Grundriß eines Fernhörers

fernhörers, wie er in der Fernmeldetechnik benutzt wird. Ein derartiger Fernhörer spricht noch auf Stromstärken von 0,01 mA an. Es hat einen Widerstand bis zu 2000 Ohm.

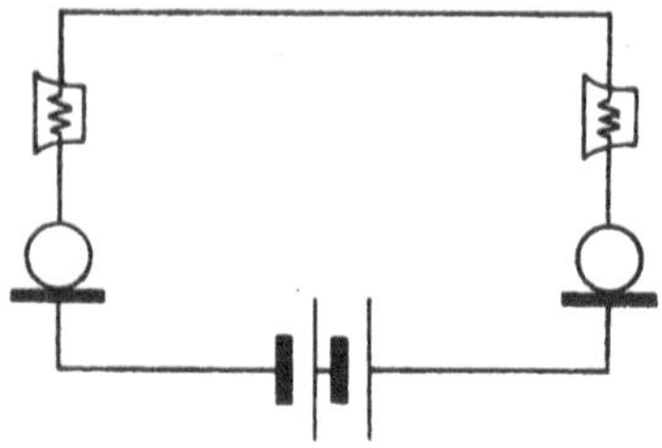

Abb. 149. Einfachste Sprechverbindung.

Bei der einfachsten **Sprechverbindung** zwischen zwei Orten muß der Strom sowohl durch die beiden Mikrophone als auch durch die Fernhörer gehen. Abb. 149 gibt die grundsätzliche Schaltung einer einfachen Fernsprechanlage. Für den sogenannten **Weitsprechverkehr** über lange Fernleitungen ist diese Schaltung nicht geeignet. Hier werden zusätzliche Einrichtungen notwendig (vgl. S. 122).

Der Morseschreiber

Als Empfänger in Telegraphenanlagen, besonders dort, wo es darauf ankommt, daß die übermittelten Nachrichten **schriftlich** festgelegt werden, wird der Morseapparat benutzt.

Einzelheiten: Einem kräftigen Elektromagnet M (Abb. 150) steht als Anker ein Weicheisenanker A gegenüber, der im Takte der Stromstöße angezogen wird. Die Rückholfeder F_1 zieht in den Pausen den Anker in seine Ruhestellung zurück. Die Anschläge Z_1 und Z_2 begrenzen die Bewegung des Ankers nach oben und unten. Der Anker trägt am anderen Ende einen Schreibstift oder ein Schreibrädchen, das in Farbe taucht und auf einem Papierstreifen Punkte und Striche schreibt, je nachdem der Stromstoß kurz oder lange dauert. Der Papierstreifen wird durch eine Spannrolle S mit der Feder F_2 auf die Walze R gepreßt. Diese Walze dreht sich durch ein Uhrwerk oder einen kleinen Elektromotor.

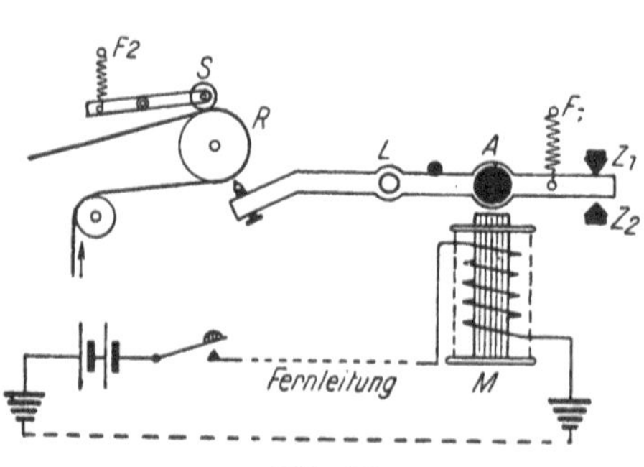

Abb. 150.
Grundsätzlicher Aufbau eines Morseapparates.

Zur Abgabe der Zeichen dient an der Gebestelle eine **Taste.** Abbildung 151 zeigt die heute nur noch vereinzelt verwendete **Morsetaste.** Sie hat drei Kontakte, den Arbeitskontakt, der beim Niederdrücken der Taste den Strom einschaltet, und den Ruhekontakt, der zu besonderen Schaltungsarten verwendet wird. Die Stromzuführung selbst geschieht durch den Mittelkontakt.

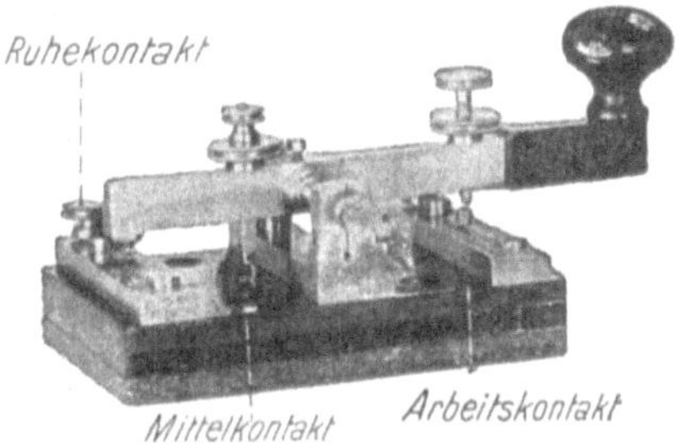

Abb. 151. Ansicht der Morsetaste.

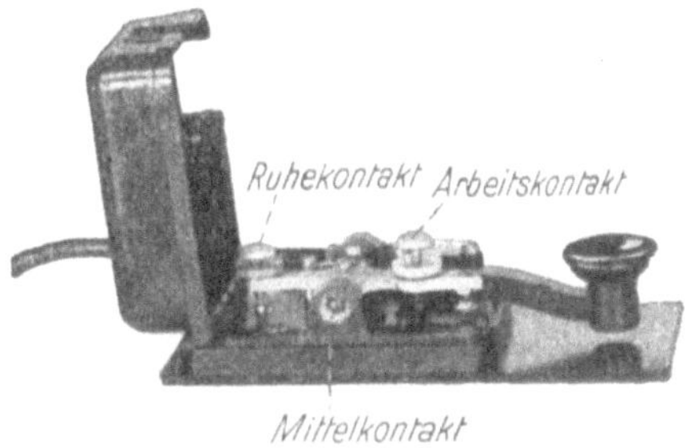

Abb. 152. Ansicht der Einheitstaste.

Abb. 152 zeigt die neuzeitliche **Einheitstaste,** die in Aufbau und Handhabung leichter ist.

Die Punkt- und Strichzeichen sind international im Morsealphabet festgelegt.

Das Morsealphabet

Die Morsezeichen setzen sich aus kurzen und langen Zeichen (Punkten und Strichen) zusammen. Dabei ist ein Strich = 3 Punktlängen. Der Zwischenraum zwischen den Zeichen eines Morsebuchstabens ist eine Punktlänge. Der Zwischenraum zwischen zwei Morsebuchstaben = 3 Punktlängen. Der Zwischenraum zwischen zwei Wörtern oder Gruppen (Wortabstand) = 5 Punktlängen.

Buchstaben und Buchstabierhilfen

a	**Anton**	.—	j	**Julius**	.———	s	**Siegfried**	...
ä	**Ärger**	.—.—	k	**Konrad**	—.—	t	**Theodor**	—
b	**Berta**	—...	l	**Ludwig**	.—..	u	**Ulrich**	..—
c	**Cäsar**	—.—.	m	**Martha**	——	ü	**Übel**	..——
d	**Dora**	—..	n	**Nordpol**	—.	v	**Victor**	...—
e	**Emil**	.	o	**Otto**	———	w	**Wilhelm**	.——
f	**Friedrich**	..—.	ö	**Ödipus**	———.	x	**Xanthippe**	—..—
g	**Gustav**	——.	p	**Paula**	.——.	y	**Ypsilon**	—.——
h	**Heinrich**	....	q	**Quelle**	——.—	z	**Zeppelin**	——..
i	**Ida**	..	r	**Richard**	.—.			

Zahlen

0	nuhl	— — — — —	5	füneff	. . . . .
1	einß	. — — — —	6	sechs	— . . . .
2	zwoh	. . — — —	7	siebän	— — . . .
3	drrei	. . . — —	8	acht	— — — . .
4	fieärr	. . . . —	9	neun	— — — — .

Satzzeichen

.	Punkt	. — . — . —
,	Beistrich	— — . . — —
:	Doppelpunkt	— — — . . .
?	Fragezeichen	. . — — . .
-	Bindestrich	— . . . . —
( )	Klammer	— . — — . —
	Unterstreichungszeichen	. . — — . —
/	Bruchstrich	— . . — .

Der Selbstunterbrecher

Den grundsätzlichen Aufbau kann man am besten am üblichen **Unterbrecherwecker** verfolgen (Abb. 153). Ein Hufeisenmagnet zieht durch den eingeschalteten Strom den Anker A an, dabei wird der Strom, der über Feder F und Stift S fließt, in dem Augenblick unterbrochen, in dem der Anker angezogen wird. Durch die Schraube S kann man den Vorgang auf schnelles oder langsames Arbeiten einstellen. **[60]**

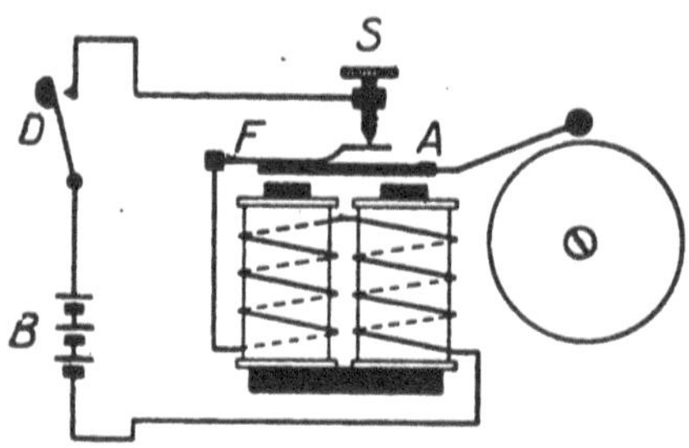

Abb. 153. Der Selbstunterbrecher als Klingel.

Ist der Strom unterbrochen, so schlägt der Anker durch die Feder F wieder in die Ausgangslage zurück, der Stromkreis wird wieder geschlossen. Das Spiel beginnt von neuem.

Bringt man in der Verlängerung des Ankers einen Klöppel an und im passenden Abstand eine Glocke, so hat man d i e übliche Klingel. Abb. 154 zeigt den zugehörigen Schaltplan.

Der Wechselstromwecker bedarf keines Unterbrechers (Abb. 155), weil der Wechselstrom den Elektromagneten dauernd umpolt.

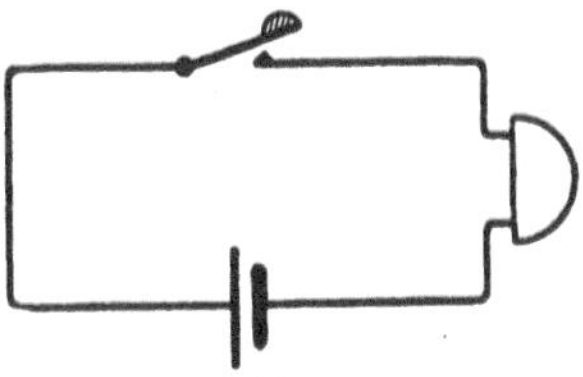

Abb. 154.
Schaltschema einer Klingelanlage.

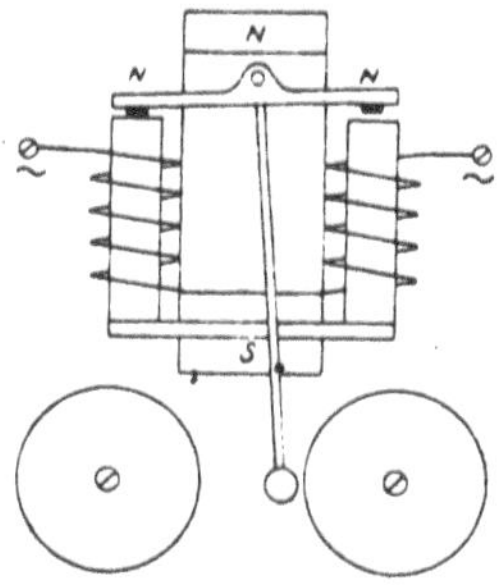

Abb. 155. Wechselstromklingel.

Eine weitere Anwendung des Selbstunterbrechers findet man in der **Hupe**, die sowohl mit Gleichstrom wie mit Wechselstrom betrieben werden kann (Abb. 156). **[61]**

Als Anker dient eine Membran M, in deren Mitte sich der Unterbrecher-Kontakt befindet. Durch das Federn der Membran wird der Strom dauernd unterbrochen und geschlossen. Dabei entstehen Luftschwingungen, die den lauten Ton erzeugen. Die Schwingungszahlen liegen etwa bei 600—900 Schwingungen je Sekunde. Das Magnetsystem ist der Spannung der Stromquelle hinsichtlich des Widerstandes angepaßt.

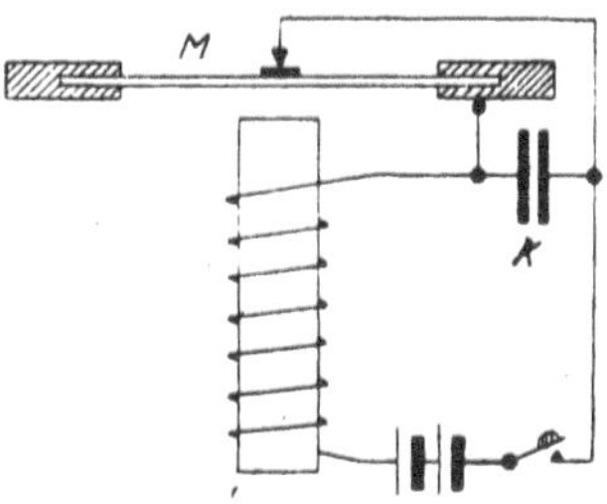

Abb. 156. Aufbau und Schaltung der elektrischen Hupe, der Kondensator K dient zur Unterdrückung des Unterbrechungsfunkens.

Das Schütz (Relais)

Wird der ankommende Strom einer Fernmeldeanlage durch die Fernleitung so sehr geschwächt, daß er das Empfangsgerät (etwa einen Morseapparat) nicht mehr zum Ansprechen bringt, so baut man in die Leitung ein **Schütz** (Relais) ein[1]).

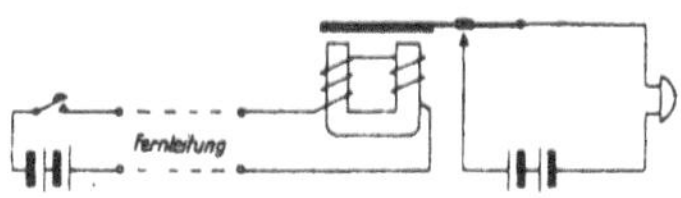

Abb. 157. Schaltung eines Schütz.

In der Schaltung, wie sie die schematische Abb. 157 wiedergibt,

[1]) Der Name Schütz weist auf die Steuerung des Wasserabflusses bei einer Schleuse hin, die an Mühlenteichen, Kanälen usw. zum Schutz angebracht ist.

wird durch den schwachen Fernstrom ein Magnet erregt, dessen Anker beim Anziehen einen Ortsstromkreis schließt. Dadurch kann die Ortsbatterie jede Anforderung erfüllen. Das Schütz ist also gleichbedeutend mit einem ferngesteuerten Schalter in einem an Ort und Stelle arbeitenden Stromkreis. [62]

Das Schütz findet eine weitgehende Ausnutzung in allen Gebieten, besonders in der Fernmeldetechnik, der Kraftübertragung und der Kräfteauslösung.

Es gibt zwei Arten des Schütz: für **Arbeitsstrom** und für **Ruhestrom.**

Ein Beispiel für das erste Verfahren zeigt Abb. 158. Der Anker schließt beim Anziehen des Magnets einen neuen Stromkreis, d. h. die Klingelanlage tritt in Tätigkeit.

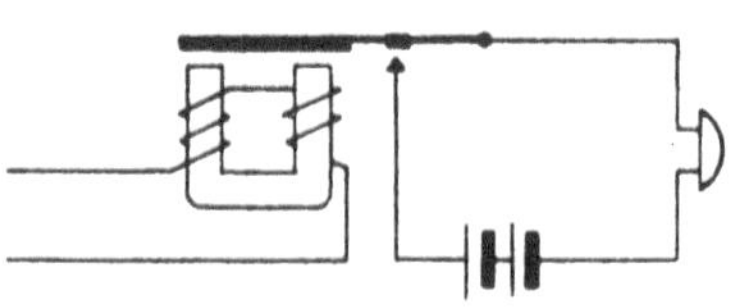

Abb. 158. Schütz für Arbeitsstrom.

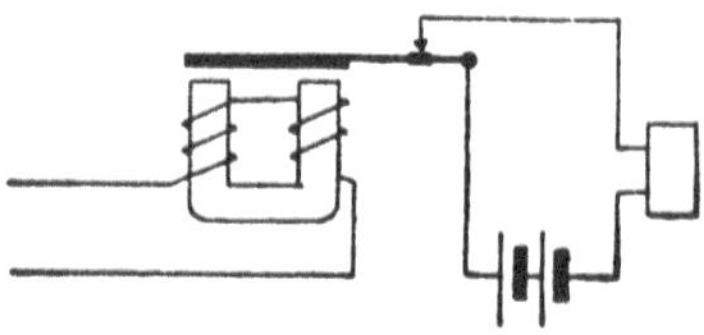

Abb. 159. Schütz für Ruhestrom.

Die andere Tätigkeit des Schütz ist die im **Ruhestrombetrieb** (Abb. 159). In den Stromkreis eines elektrischen Gerätes ist der Anker eingeschaltet. Tritt nun das Schütz in Tätigkeit, so unterbricht es durch Anziehen des Ankers den Stromkreis. Es fließt also dauernd ein Strom, solange das Schütz nicht in Tätigkeit tritt. Daher der Name „Ruhestrom".

Eine Anwendung dieses Verfahrens findet man in dem **Überstromschalter** bei vielen elektrischen Stromkreisen. Auch die Überstromschalter als Sicherungen beruhen auf demselben Verfahren (Lademaschinen in Kraftwagen und sogenannte Maximalausschalter in Sicherungsanlagen usw.).

Auch die auf S. 56 genannten Selbstschalter können statt des „Bimetallstreifens" eine Spule enthalten, die den Schalter bei zu großer Stromstärke auslöst.

Abb. 160 zeigt ein Schütz, bei dem durch Anziehen des Ankers A der Stromkreis b—c geöffnet und a—b geschlossen wird.

Eine Verfeinerung der Arbeitsweise gibt das **polarisierte Schütz.** Dadurch, daß der Elektromagnet als Kern einen Dauermagnet hat, genügen schon geringste Stromschwankungen, um die Tätigkeit des Ankers zu veranlassen. Wenn die Stromstärke in der Magnetwicklung wächst, so wird der Magnetismus im Magnet verstärkt und der Anker angezogen. Läßt der Strom im primären Kreis nach oder fließt er in umgekehrter Richtung, so wird der Magnetismus geschwächt und der Anker fällt ab.

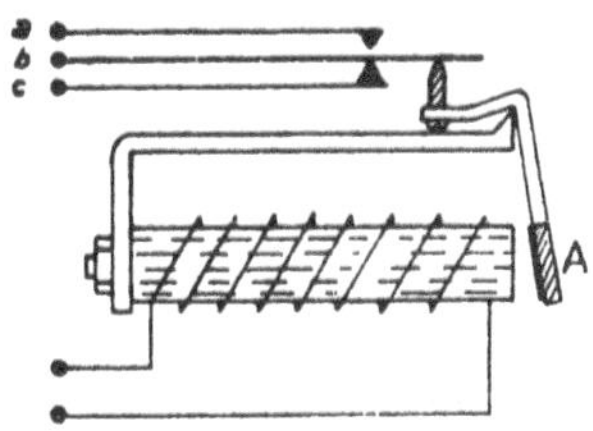

Abb. 160. Grundsätzlicher Aufbau eines in der Fernmeldetechnik gebräuchlichen Schütz.

Die vielseitige Anwendung des Schütz ist in allen Gebieten der modernen Nachrichtentechnik nicht mehr wegzudenken, ja, die großen Fortschritte im Fernsprech-, Fernschreib- und Funkwesen sind vielfach erst durch das Schütz möglich geworden.

Überblick

1. Um den stromdurchflossenen Leiter bildet sich ein **Magnetfeld.**
2. Ein besonders kräftiges Feld bildet sich in einer stromdurchflossenen Spule aus. Am einen Ende der Spule liegt ein **Nordpol,** am anderen ein **Südpol.**
3. Ein **Elektromagnet** ist eine Spule mit Eisenkern.

13. Meßinstrumente und ihre Schaltung

Meßinstrumente und ihre Schaltung

Schon früher (S. 7) wurden Meßinstrumente benutzt, und zwar Strommesser, welche die Stärke des Stromes in Ampere, und Spannungsmesser, welche die Spannung in Volt angeben.

Jedes Meßinstrument muß so beschaffen sein, daß seine Einschaltung die zu messende Größe nicht ändert.

Amperemeter schaltet man **in** den Stromkreis ein, d. h. der gesamte die Schaltung durchlaufende Strom soll vom Meßinstrument gemessen werden (Abb. 161). Wenn nun dieses Meßinstrument einen großen Widerstand besitzt, so wird durch ihn der zu messende Strom geschwächt. Der Strom wird also durch Einschalten des Meßinstrumentes kleiner als er ohne das Gerät war. **Daher muß ein Amperemeter einen kleinen Eigenwiderstand besitzen.**

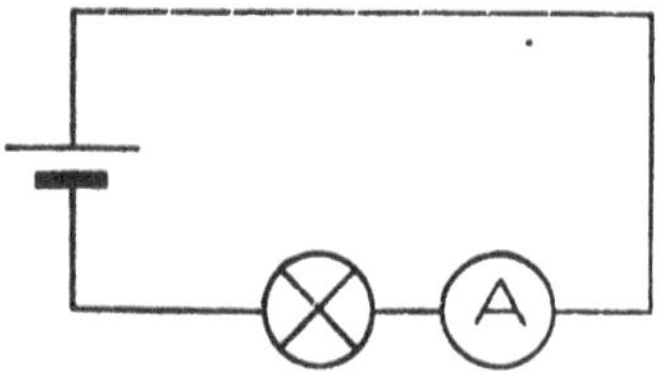

Abb. 161. Schaltung des Amperemeters in den Stromkreis.

Die Stelle, an der das Amperemeter eingeschaltet wird, ist gleichgültig, da der Strom im ganzen unverzweigten Stromkreise der gleiche ist.

Anders ist es mit einem **Voltmeter.**

Es soll die Spannung zwischen zwei Punkten des Stromkreises gemessen werden. Die Enden des Meßgeräts sind also mit diesen Punkten zu verbinden (Abb. 162).

Wenn hier ein Voltmeter benutzt würde, das einen geringen Widerstand hat, so würde der Hauptteil des Stromes durch das Voltmeter fließen und nur ein kleiner Strom durch das angeschlossene Gerät. Das hätte ein Absinken der Spannung an den Enden des Gerätes zur Folge.

Will man also den richtigen Wert der Spannung messen, **so muß das Voltmeter einen hohen Widerstand besitzen.** Daß das Voltmeter trotz des hohen Widerstandes genaue und deutliche Angaben macht, wird durch besondere Art des technischen Aufbaues des Meßgerätes sichergestellt.

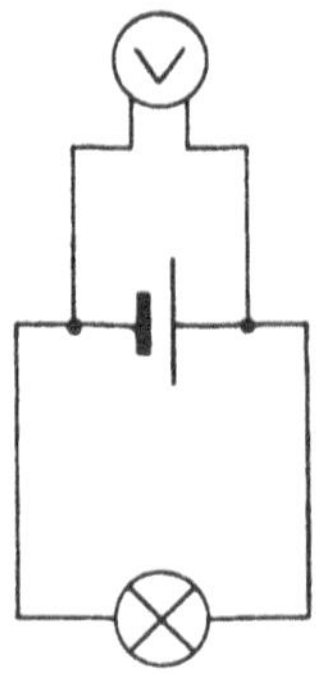

Abb. 162. Schaltung eines Voltmeters.

Man schaltet das Voltmeter parallel zu dem Gerät, an dessen Enden man die Spannung messen will, an zwei Punkte des „unverletzten" Stromkreises (Abb. 163).

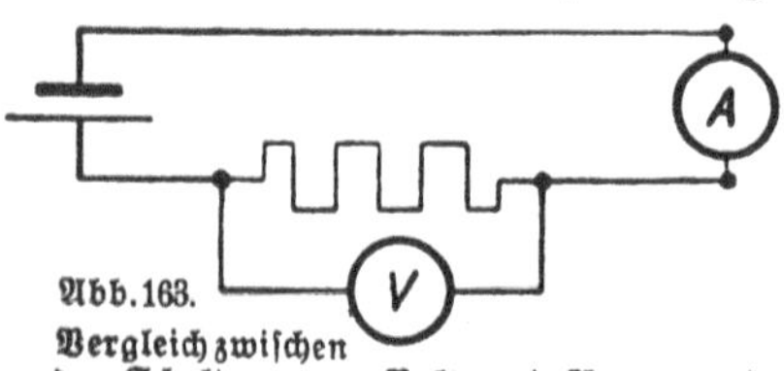

Abb. 163. Vergleich zwischen der Schaltung von Volt- und Amperemeter.

Der innere Aufbau des Amperemeters und des Voltmeters ist grundsätzlich derselbe, nur mit dem Unterschiede, daß der Widerstand des Amperemeters sehr klein, der des Voltmeters sehr groß ist.

Das Dreheiseninstrument

Zwei gleichnamige Magnetpole stoßen sich ab (S. 73). Wenn zwei Stabmagnete mit den gleichnamigen Polen einander gegenüberliegen, suchen sie sich voneinander fortzubewegen. [63]

In einer Spule sind zwei Eisenplättchen angebracht, das eine fest, das andere beweglich, und mit einem Zeiger auf einer Achse drehbar (Abb. 164). Schaltet man nun einen Strom ein, so werden beide Plättchen gleichnamig magnetisch, und das bewegliche wird von dem festen abgestoßen.

Es bewegt sich also der Zeiger, der mit dem zweiten Plättchen fest verbunden ist. Je stärker der die Spule durchfließende Strom, desto größer die Kraft der Abstoßung. Das Instrument wird dann nach Normalgeräten in Ampere geeicht.

Da die **gleichartige Magnetisierung** der beiden Eisenplättchen unabhängig von der Richtung des fließenden Stromes ist, **zeigt das Dreheiseninstrument auch die Stärke von Wechselströmen an.**

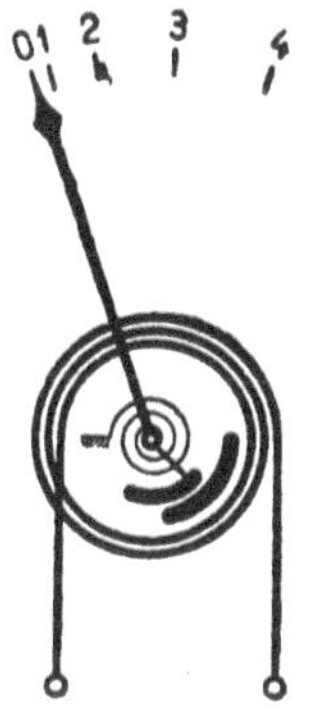

Abb. 164. Schema eines Dreheiseninstrumentes.

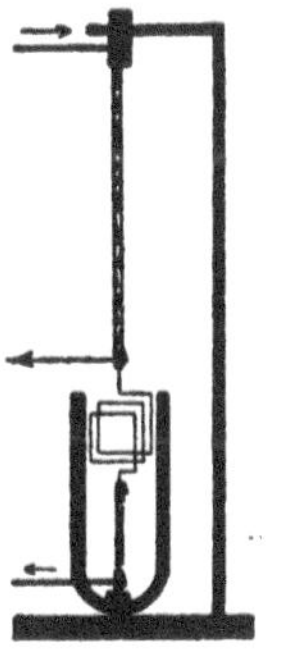

Abb. 165. Eine stromdurchflossene Spule dreht sich zwischen den Polen eines Hufeisenmagnets.

Das Drehspulinstrument

Bringt man zwischen die Pole eines Hufeisenmagnets eine Spule, die leicht drehbar aufgehängt ist (Abb. 165) und schickt man durch die Spule einen Strom, so verhält sich diese stromdurchflossene Spule wie ein Stabmagnet in dem Magnetfeld des Hufeisenmagnets.

Es dreht sich der entsprechende Nordpol in die Richtung zum Südpol des Hufeisenmagnets, der mit der Spule verbundene Zeiger zeigt die Größe der Drehung an. [64]

Bei starken Hufeisenmagneten und vielen Windungen der Spule erreicht man eine **sehr hohe Empfindlichkeit.**

Um noch sehr schwache Ströme anzeigen zu können, versieht man (Abb. 166) den stromführenden Aufhängefaden mit einem kleinen Spiegel, der den von einer Glühlampe ausgehenden Lichtstrahl auf eine Skala zurückwirft. Die Größe der Ablenkung an der Skala ist ein Maß für die Stromstärke (Drehspulgalvanometer für Prüffeld und Laboratorium).

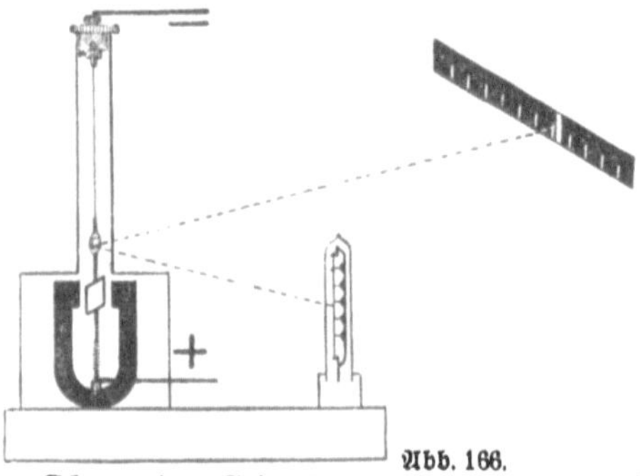

Abb. 166. Schema eines Spiegelgalvanometers.

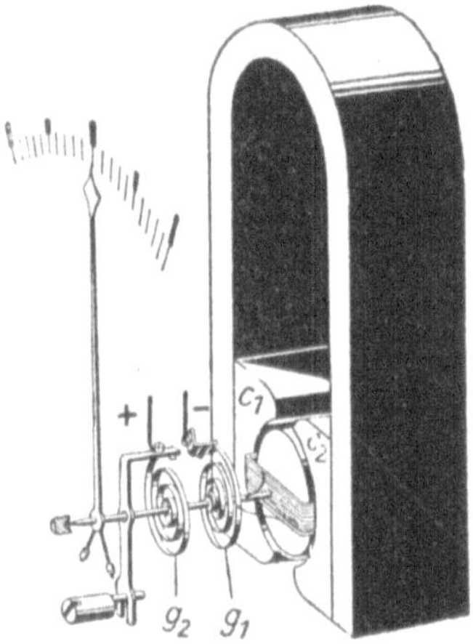

Abb. 167. Bau eines Drehspulinstrumentes.

Bei dem abgebildeten Drehspulstrommesser (Abb. 167) dreht sich die Spule um eine waagerechte Achse zwischen den „Polschuhen“ c_1 und c_2 eines kräftigen Hufeisenmagnets.

Wenn durch die Spule ein Strom fließt, wird sie entgegen der Kraft der beiden Spiralfedern g_1 und g_2 aus der Ruhelage herausgedreht und der Zeiger gibt einen bestimmten Ausschlag. Nach Aufhören des Stromes stellen die Federn die Spule wieder in die ursprüngliche Ruhestellung zurück. Diese Federn dienen zugleich als Zu- und Ableitung des zu messenden Stromes.

Das Drehspulinstrument ist nur für Gleichstrom zu benutzen, da bei jeder Stromumkehr die Spule ihre Pole umkehrt und dementsprechend der Zeiger nach der anderen Seite ausschlägt.

Bei Wechselströmen mit langsamen Wechseln pendelt der Zeiger hin und her, während beim technischen Wechselstrom (100 Wechsel in der Sekunde) nur noch ein kaum merkliches Zittern des Zeigers um den Nullpunkt auftritt, weil die Spule bei dem schnellen Feldwechsel nicht folgen kann.

Deswegen sind auch die Klemmen eines Drehspulinstrumentes mit Plus- und Minuszeichen versehen.

Neuerdings kann man das Drehspulinstrument durch Vorschalten eines kleinen Gleichrichters (S. 116) für Wechselströme benutzen.

Abb. 168 zeigt die technische Ausführung eines Drehspulinstrumentes (Mavometer), das als Strom- oder Spannungsmesser verwendbar ist.

Abb. 168. Technische Ausführung eines Drehspulinstrumentes (Mavometer).

Änderung der Meßbereiche von Meßinstrumenten

Amperemeter

Aus früheren Untersuchungen (S. 8) wurde festgestellt, daß **bei einer Stromverzweigung die Summe der Teilströme in den Zweigen gleich dem Gesamtstrom ist.** Die Teilströme verhalten sich umgekehrt wie die Widerstände, durch die sie fließen. Je größer die Widerstände in den Zweigen, um so kleiner die Ströme.

Schaltet man also **zwei Widerstände parallel,** so wird der Gesamtwiderstand beider nicht größer sondern kleiner, und zwar kleiner als der kleinste Einzelwiderstand (S. 29).

Schaltet man zu dem Meßwerk eines Strommessers einen **gleichgroßen** Widerstand parallel (Abb. 169 R_n), so fließt nur noch die Hälfte des Stromes durch das Amperemeter, während die andere Hälfte durch den Nebenwiderstand geht.

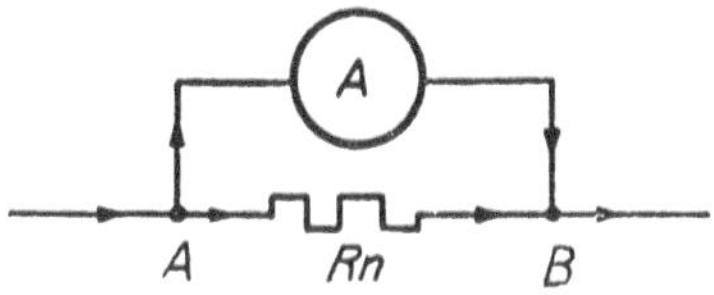

Abb. 169. Erweiterung des Meßbereiches eines Amperemeters.

Das Amperemeter zeigt nur noch den halben Strom an, die andere Hälfte fließt durch den Parallelwiderstand, d. h. **sein Meßbereich ist doppelt so groß geworden.**

Man erhält also jetzt die richtige Stromstärke, indem man die Angaben des Amperemeters verdoppelt.

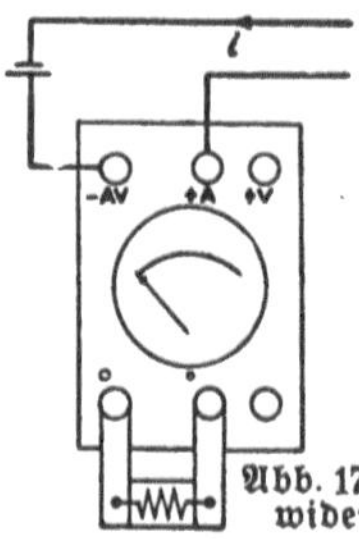

Abb. 170 a. Anschalten eines Nebenwiderstandes zur Strommessung.

Abb. 170 b. Ansicht eines Nebenwiderstandes für den Meßbereich von zwei Ampere.

In ähnlicher Weise kann durch Anschalten geeignet bemessener Nebenwiderstände der Meßbereich beliebig vervielfacht werden.

Diese **Nebenwiderstände** kann man entweder in das Gerät selbst einbauen und durch einen Schalter wahlweise einschalten, oder sie werden zusätzlich außen am Gerät angeschaltet (Abb. 170).

Voltmeter

Schaltet man **zwei Widerstände** hintereinander, so muß der Strom zuerst durch den einen und dann durch den anderen Widerstand fließen. Die Hintereinanderschaltung von zwei Widerständen ergibt als **Gesamtwiderstand die Summe der beiden einzelnen** (Abb. 53 S. 29).

Hierdurch kann man den **Meßbereich** des Voltmeters ändern. Man legt vor das Voltmeter einen **Vorschaltwiderstand,** der einen Teil der zu messenden Spannung verbraucht.

Ist dieser Vorschaltwiderstand genau so groß wie der Eigenwiderstand des Voltmeters, so ist der Gesamtwiderstand beider zusammen der doppelte des Voltmeters.

Der hindurchfließende Strom hat dann nur noch die halbe Stromstärke. Das Voltmeter, das dieselbe Inneneinrichtung wie ein Strommesser besitzt und nur nach Volt geeicht ist, zeigt also nur noch die halbe Spannung. Der Meßbereich des Voltmeters hat sich also verdoppelt.

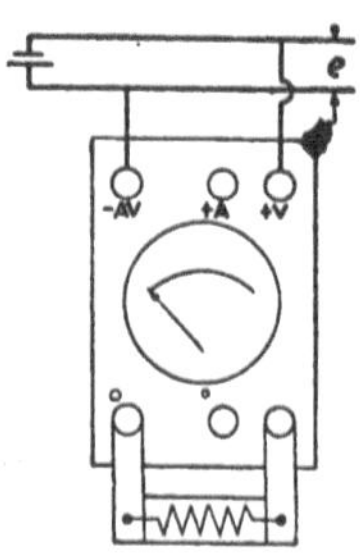

Abb. 171 a. Schaltung eines Vorwiderstandes zur Spannungsmessung.

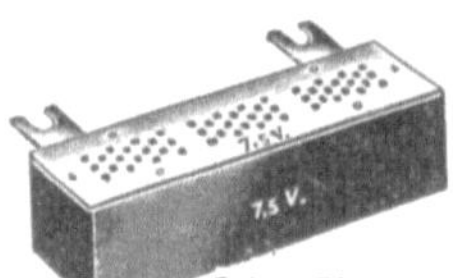

Abb. 171 b. Vorschaltwiderstand für den Meßbereich von 7,5 Volt.

Durch passend gewählte Vorwiderstände können auch andere gewünschte Meßbereiche hergestellt werden.

In der technischen Meßpraxis werden solche geeichte Vorschaltwiderstände entweder umschaltbar in das Instrument eingebaut oder man benutzt besondere Widerstände, die zu dem Instrument abgestimmt sein müssen (Abb. 171).

Mit Hilfe solcher Vorschaltwiderstände kann man für dasselbe Voltmeter eine große Zahl von Meßbereichen herstellen.

Überblick

1. Das **Amperemeter** hat einen **kleinen Widerstand.**
2. Amperemeter werden in den Stromkreis hineingeschaltet, so daß der gesamte Gebrauchsstrom hindurchfließt.
3. **Voltmeter** haben einen **großen Widerstand.**
4. Voltmeter werden parallel zum Versuchsgerät geschaltet.
5. Das **Dreheiseninstrument** ist **für alle Stromarten** brauchbar.
6. Das **Drehspulinstrument** arbeitet **nur bei Gleichstrom.**
7. Der Meßbereich des Amperemeters wird durch **Nebenwiderstände** verändert.
8. Der Meßbereich des Voltmeters wird durch **Vorschaltwiderstände** verändert.

14. Induktion

Ein stromdurchflossener Leiter wird in einem Magnetfeld in Bewegung gesetzt.

Eine Spule ist frei beweglich zwischen den Polen eines Hufeisenmagnets aufgehängt (Abb. 172). Schickt man durch die Spule einen Strom, so wird sie zwischen den Polen in Bewegung gesetzt, d. h. sie wird entweder aus dem Magnetfeld herausgedrückt oder in das Hufeisen hineingezogen. [65]

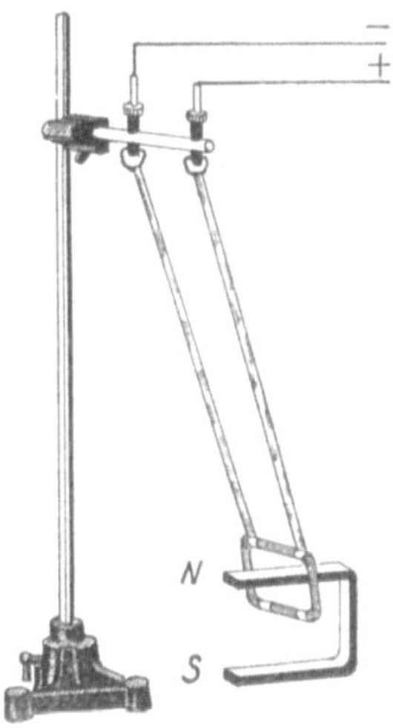

Abb. 172. Eine stromdurchflossene Spule im Magnetfeld.

Es ergibt sich nun die Frage: Läßt sich mit Hilfe von Magnetfeld und Bewegung auch ein elektrischer Strom erzeugen? Daß dies möglich ist, hat zuerst Faraday mit seinen Versuchen (im Jahre 1832) gezeigt.

Man bringt einen Leiter in das Magnetfeld eines Hufeisenmagnets und verbindet die Enden mit einem empfindlichen Strommesser, dessen Nullpunkt in der Mitte liegt (Abb. 173).

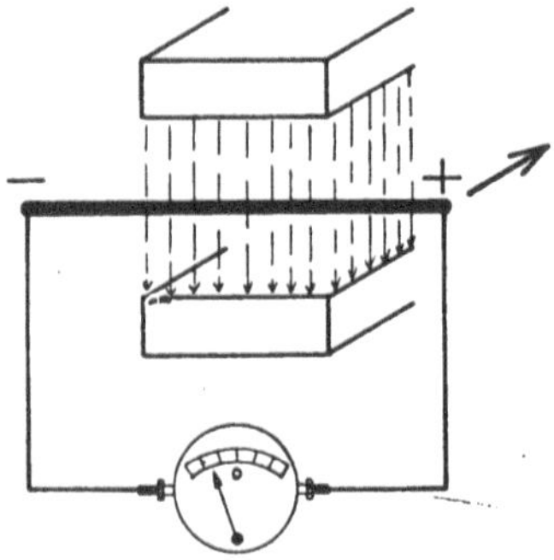

Abb. 173. Erzeugung eines Induktionsstromes durch Bewegung des Leiters.

Wird der Leiter aus dem Feld herausbewegt, so zeigt der Strommesser einen Stromstoß an. Wird er wieder in das Feld hineinbewegt, so schlägt der Zeiger nach der anderen Seite aus. Es entsteht wiederum ein Stromstoß, aber in der umgekehrten Richtung. [66]

- Diesen Vorgang nennt man **Induktion.** Der entstandene Strom heißt **Induktionsstrom.**

Magnetfeld und Strom erzeugen Bewegung des Leiters	Magnetfeld und Bewegung des Leiters erzeugen einen Strom

Dieser Induktionsstrom kommt dadurch zustande, daß in dem durch das Magnetfeld bewegten Leiterstück die Elektronen von dem einen Ende weg und auf das andere Ende zugetrieben werden. An dem einen Ende stellt sich Mangel, an dem anderen Überschuß ein (Abb. 174). Das heißt, zwischen den Enden des durch

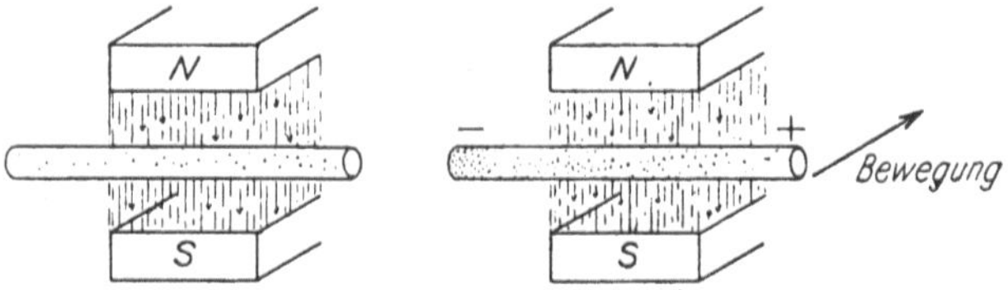

Abb. 174. Bei der Bewegung durch das Magnetfeld werden die Elektronen im Leiter in Bewegung gesetzt (hier nach links). Schematische Zeichnung (Elektronen durch Punkte angedeutet).

das Magnetfeld bewegten Leiters tritt eine Spannung auf **(Induktionsspannung).**

Werden die Enden wie im obigen Versuch miteinander durch einen Leiter verbunden, so fließt ein Strom.

Wiederholt man den Versuch anstatt mit einem einzigen Leiterstück mit einer Spule, die man über den einen Pol eines Magnets schiebt oder von ihm zurückzieht, so findet man, daß die induzierte Spannung höher ist. [67]

Statt die Spule über den Magnet zu schieben, kann man mit gleichem Erfolg den Magnet in die Spule hineinbewegen. An Stelle des Dauermagnets kann selbstverständlich auch ein Elektromagnet treten.

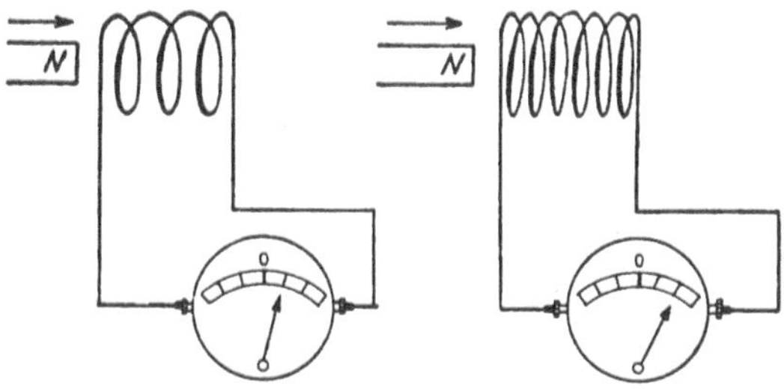

Abb. 175 Induktion durch Nähern eines Magnets. Die Wirkung ist um so größer, je größer die Windungszahl der Spule ist.

Aus den Versuchen erkennt man: **Eine Induktionsspannung entsteht jedesmal, wenn magnetische Kraftlinien in eine Spule eintreten oder aus ihr austreten.**

Die Induktionswirkung ist um so größer, je größer die Windungszahl der Spule ist (Abb. 175) und je mehr Kraftlinien in der Sekunde in die Spule ein- oder aus ihr austreten. (Änderung der Kraftlinienzahl je Sekunde.)

Induktion zweier Spulen

Es gibt nun noch eine andere Möglichkeit, einen Induktionsstrom zu erzeugen.

Einer Spule, deren Enden an ein Amperemeter angeschlossen sind (Abb. 176), steht in kurzer Entfernung eine andere gegenüber, die über einen Schalter mit einer Stromquelle verbunden ist. Wird der Schalter geschlossen, so beginnt in Spule I der Strom zu fließen. Es entwickelt sich in der Spule und um sie herum ein magnetisches Kraftfeld. Gleichzeitig schlägt aber auch das an Spule II angeschlossene Amperemeter für einen Augenblick aus. In Spule II fließt ein kurzdauernder **Induktionsstrom.**

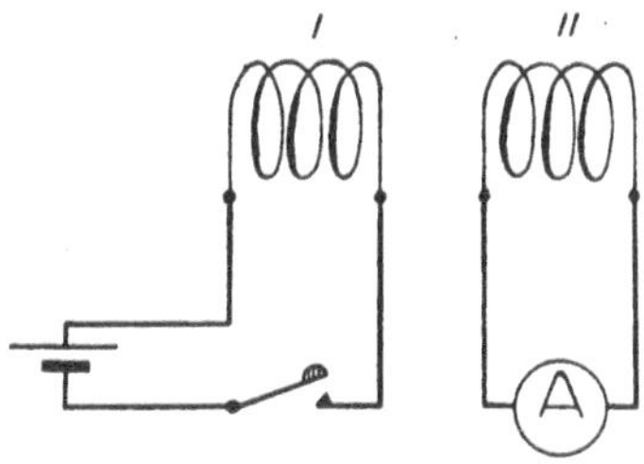

Abb. 176. Induktion zweier Spulen.

(Die „Erstspule" wird auch **Feldspule** genannt, da durch ihren

Strom das Magnetfeld erzeugt wird, die „Zweitspule" heißt auch **Induktionsspule.)** [68]

Solange der Strom in der Feldspule mit gleicher Stromstärke fließt, also keine Änderung des Magnetfeldes auftritt, entsteht in der Induktionsspule keine Spannung. Wird aber der Strom in der Feldspule ausgeschaltet, so daß das Magnetfeld zusammenbricht, so wird in der Induktionsspule wiederum eine Spannung induziert.

Erklärung: Beim Einschalten des Stromes in der Erstspule entsteht in ihr ein Magnetfeld. Ein Teil seiner Kraftlinien tritt dabei auch in die Zweitspule ein.

Beim Ausschalten des Stromes verschwindet das Magnetfeld, und dabei treten die Kraftlinien, die die Zweitspule durchsetzten, wieder aus dieser aus.

Der Strom in der Induktionsspule tritt nun nicht nur dann auf, wenn in der Feldspule der Strom ein- oder ausgeschaltet wird, sondern auch dann, wenn er stärker und schwächer wird. Denn dann wird auch das Magnetfeld stärker oder schwächer, und es treten weitere Kraftlinien in die Zweitspule ein oder aus ihr aus. Es gilt also allgemein:

Während in der Feldspule der Strom sich ändert, wird in der Induktionsspule ein Induktionsstrom erzeugt.

Kopplung

Durch die beide Spulen durchsetzenden Kraftlinien sind die Spulen miteinander gekoppelt. Man spricht deshalb von **induktiver Kopplung.**

Die Kopplung ist um so enger, je mehr Kraftlinien der Erstspule von der Zweitspule umschlossen werden, d. h. also im allgemeinen je näher die Spulen aneinander gebracht werden.

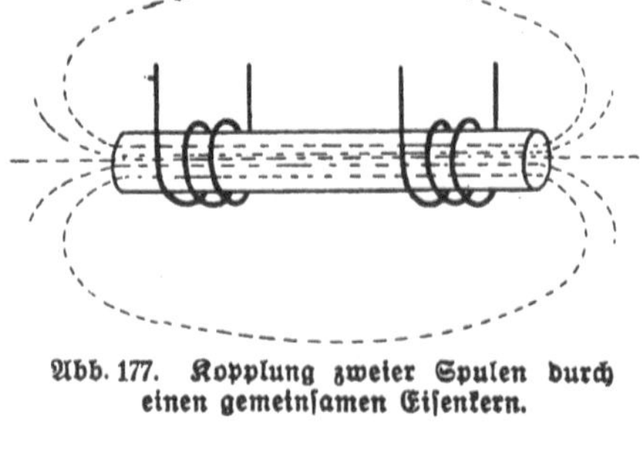

Abb. 177. Kopplung zweier Spulen durch einen gemeinsamen Eisenkern.

Desgleichen kann eine enge Kopplung erzielt werden, wenn beide Spulen über einen gemeinsamen Eisenkern geschoben werden. Die Kraftlinien werden vom Eisen zusammengehalten und durchdringen beide Spulen (Abb. 177). [69]

Funkeninduktor

Ein Funkeninduktor (Abb. 178) besteht aus zwei übereinandergeschobenen Spulen, die zur Verstärkung des Magnetfeldes einen unterteilten Eisenkern enthalten. Die Feldspule P_1P_2 wird durch eine Batterie mit einem starken Strom beschickt, der in schnellster Folge durch einen selbsttätigen Unterbrecher geschlossen und unterbrochen wird. Als Induktionsspule S_1S_2 dient die Zweit-Wicklung aus vielen tausend dünnen Windungen. Ein Ausgleichskondensator dämpft den Unterbrechungsfunken (vergl. S. 100). [70]

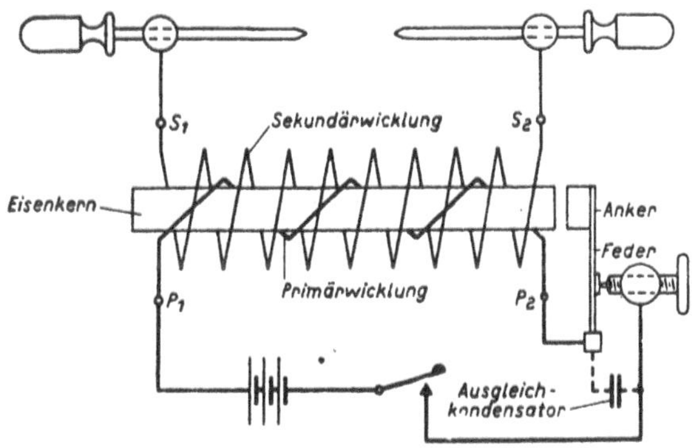

Abb. 178. Funkeninduktor.

Der Funkeninduktor liefert außerordentlich hohe Induktionsspannungen, so daß an der Funkenstrecke lange Funken überschlagen.

Wirbelströme

Wenn in einer Spule der Strom sich ändert, so entsteht auch in jedem in der Nähe befindlichen Metallkörper ein Induktionsstrom. Man nennt diese Ströme **Wirbelströme.** Sie setzen sich in Wärme um, bedingen also Verluste an elektrischer Energie, die meist unerwünscht sind. Um Wirbelströme zu vermeiden, werden Metallkörper, die sich in einem Magnetfeld befinden, das sich dauernd ändert, z. B. in dem Magnetfeld eines Wechselstromes (magnetisches Wechselfeld), aus einzelnen Platten (Lamellen) oder Drähten angefertigt. Sie sind gegeneinander durch eine dünne Schicht isoliert. Dadurch wird die Entstehung von Wirbelströmen vermindert. [71]

Die Wirbelstromverluste sind um so größer, je höher die Wechselzahl des Stromes ist (Gleichstrom gibt keine Wirbelstromverluste). Für sehr hohe Wechselzahlen baut man neuerdings Eisenkerne, die aus pulverförmigem, in Isolierstoff eingebetteten Eisen bestehen. Dadurch werden diese Verluste sehr klein.

Überblick

1. **Magnetfeld und Strom** erzeugen **Bewegung** des Leiters.
2. **Magnetfeld** und **Bewegung** des Leiters erzeugen **Strom.** Induktionsstrom.
3. Induktionsstrom entsteht in einer Spule, wenn magnetische Kraftlinien in sie **ein- oder aus ihr austreten.**
4. In einer Induktionsspule wird Induktionsstrom erzeugt, wenn in der Feldspule die Stromstärke sich ändert.
5. Feldspule und Induktionsspule sind induktiv gekoppelt.

15. Selbstinduktion

Wesen der Selbstinduktion

Die Änderung der Stromstärke in einer Spule bewirkt nun nicht nur eine Induktion in einer in der Nähe befindlichen zweiten Spule, sie ruft auch in der Feldspule selbst Induktionserscheinungen hervor.

Man nennt die Erscheinung **Selbstinduktion.** Sie ist ein besonderer Fall der Induktion.

In der Schaltung (Abb. 179) ist ein Glühlämpchen L_2 vor die Spule geschaltet und ein zweites Lämpchen L_1 parallel zu ihr. Durch den Widerstand R wird die Helligkeit von L_1 geregelt, so daß es genau so hell brennt wie L_2. Jedesmal beim Einschalten bemerkt man aber deutlich, daß L_2 langsamer aufglüht als L_1. Das ist ein Zeichen dafür, daß der Strom in dem Zweig II nur langsam ansteigt. [72, 73]

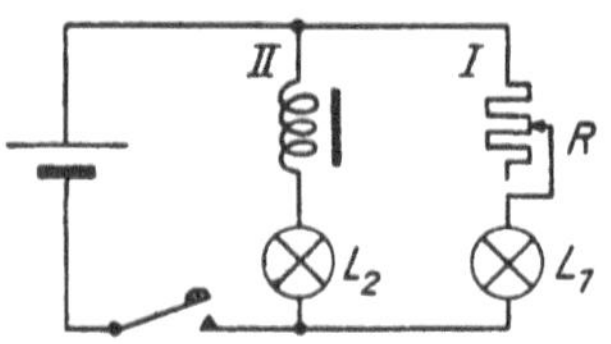

Abb. 179. Versuch zum Nachweis des langsamen Ansteigens eines Stromes infolge der Selbstinduktion.

Das langsame Ansteigen des Stromes in der Spule ist dadurch zu erklären, daß durch die in ihr entstehenden magnetischen Kraftlinien **in der Spule selbst** eine Induktionsspannung erzeugt wird, **die der Spannung der Stromquelle entgegengesetzt ist.** Während also die Spannung der Stromquelle die Elektronen vom Minus-

zum Pluspol hinüberdrückt, sucht die induzierte Spannung die Elektronen in die entgegengesetzte Richtung zu drücken. Dadurch wird die Stromstärke im Augenblick des Einschaltens verringert und steigt nur allmählich an.

Diese Verzögerung ist also eine Folge der **Selbstinduktion** der Spule. Demgegenüber wird der Strom im Zweig I nicht verzögert, denn die Selbstinduktion des vorgeschalteten Widerstandes R ist verschwindend gering.

Um die Abhängigkeit der Größe der Selbstinduktion von den Eigenschaften der Spule zu prüfen, führt man den obigen Versuch mit einer Spule **ohne und dann mit Eisenkern** aus. Ferner nimmt man Spulen verschiedener Windungszahlen.

Bei einer Spule mit großer Windungszahl und geschlossenem Eisenkern kann es mehrere Sekunden dauern, bis das Lämpchen seine volle Lichtstärke erreicht hat. Die Selbstinduktion ist also sehr groß. Spulen ohne Eisenkern haben kleinere Selbstinduktion.

Auch eine einzige Drahtschleife, ja selbst die gerade Drahtleitung hat eine, wenn auch sehr geringe Selbstinduktion, die sich aber u. U. — z. B. bei langen Fernsprechleitungen — doch bemerkbar machen kann.

Selbstinduktion beim Ausschalten

Auch beim **Ausschalten** des Stromes tritt die Selbstinduktion in Erscheinung. Bei dem plötzlichen Verschwinden des Kraftlinienfeldes wird eine Spannung induziert. Da sie beim Öffnen des Stromes entsteht, nennt man sie **Öffnungsspannung.**

Infolge der Selbstinduktion steigt beim Einschalten der Strom langsam an und versucht bei dem Öffnen des Kreises noch weiterzufließen (Öffnungsfunken). Man kann die Selbstinduktion daher mit der mechanischen Trägheit vergleichen, die ja auch bewirkt, daß z. B. ein schwerer Wagen nur langsam anfährt und sich, wenn er einmal in Fahrt ist, nicht plötzlich anhalten läßt (Abbildung 180).

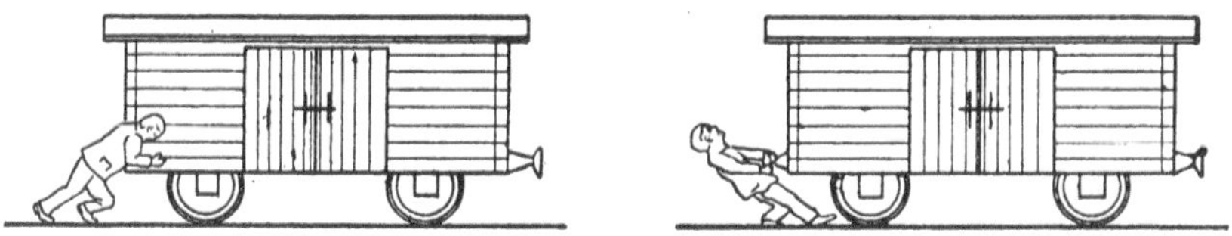

Abb. 180 Ein schwerer Wagen läßt sich wegen seiner Trägheit nur schwer in Bewegung setzen und, wenn er in Fahrt ist, nur schwer anhalten.

Wie groß die entstehende Öffnungsspannung ist, läßt sich folgendermaßen zeigen: Eine Spule mit großer Selbstinduktion wird in den Stromkreis geschaltet, wie Abb. 181 zeigt (Spule mit großer Windungszahl und Eisenkern, Sammler 4 V). Im Augenblick, in dem abgeschaltet wird, tritt eine so hohe Induktionsspannung auf, daß die mit den Enden der Spule verbundene Glimmlampe aufleuchtet. Ihre Zündspannung beträgt etwa 80 V. Die Induktionsspannung hat also diese Größe überschritten, obgleich vorher vom Sammler aus eine Spannung von nur 4 V angelegt war.

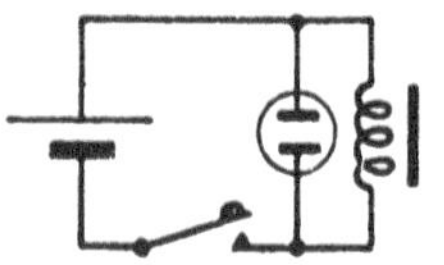

Abb. 181. Versuch zum Nachweis der Öffnungsspannung bei großer Selbstinduktion.

Wird die Glimmlampe so geschaltet, daß sie die Öffnungsstelle überbrückt (Abb. 182), so glimmt sie ebenfalls auf. Die Öffnungsspannung tritt also an der Unterbrechungsstelle in Erscheinung.

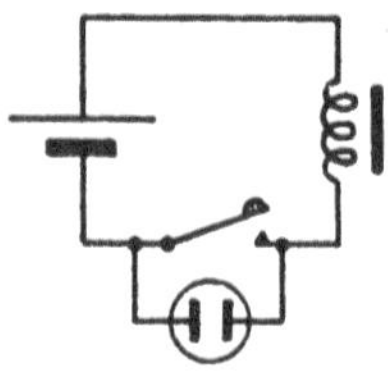

Abb. 182. Die Öffnungsspannung tritt an der Unterbrechungsstelle auf.

Hier macht sie sich oft sehr unangenehm bemerkbar. So z. B. entsteht an der Öffnungsstelle des Schalters durch sie ein Funke, der sogenannte Öffnungsfunke, der zu einem Flammenbogen und zum Verschmoren des Schalters führen kann, wenn nicht dafür gesorgt wird, daß der Schalthebel so plötzlich zurückschnellt, daß keine Zeit zur Ausbildung des Flammenbogens bleibt. Das plötzliche Zurückschnellen des Schalters wird durch sachgemäße Anbringung von Federn am Schalter erreicht. Bei großen Schaltanlagen, in denen Hunderte von Ampere abgeschaltet werden müssen, werden Schalter von besonderer Bauart verwandt, bei denen die Ausbildung des Flammenbogens sicher vermieden wird. [74]

Einfach läßt sich die Öffnungsspannung auch an der elektrischen Klingel zeigen. Der Anker unterbricht und schließt den Strom selbsttätig viele Male in der Sekunde. Durch die Selbstinduktion der Magnetspulen entsteht beim Öffnen des Stromes an der Unterbrechungsstelle ein kleiner Funke, der im Dunkeln deutlich zu sehen ist.

Die Öffnungsspannung läßt sich mit einem Glimmlämpchen nachweisen, das man mit den Enden der Magnetspule verbindet. Die hohe Spannung fühlt man auch recht deutlich, wenn man mit dem feuchten Zeige- und Mittelfinger derselben Hand die blanken Spulenenden berührt.

Der Spannungsstoß bei der Öffnung des Stromkreises kann durch einen Kondensator **„abgefangen“** werden, der zwischen die

Öffnungsstelle geschaltet wird. Der Stoß lädt den Kondensator auf, anstatt als Funken die Unterbrechungsstelle zu überbrücken. Abb. 156 zeigt die Schaltung eines Blockkondensators an einer Hupe, um den Unterbrechungsfunken zu vermeiden. Vergleiche auch Abb. 178 beim Funkeninduktor. Auch beim Zündmagnet für Flugmotore und beim Kraftwagenmotor überbrückt ein Kondensator die beim Verteiler entstehenden Unterbrechungsfunken (vgl. S. 122, Abb. 217).

Selbstinduktionsspulen spielen auf verschiedenen Gebieten der Technik eine wichtige Rolle, vor allen Dingen in der Wechselstrom- und Funktechnik.

Hier sei noch auf den Gebrauch von Selbstinduktionsspulen zum Schutz von Geräten gegen plötzliche große Stromstöße verwiesen, die infolge eines Blitzschlages oder anderer Störungen durch die Leitung fließen. Liegt eine Spule mit Selbstinduktion in der Leitung, so wird der Stromstoß nicht oder doch nur teilweise durchgelassen.

Abb. 183. Verwendung der Drosselspule beim Überspannungsschutz.

Die Selbstinduktion einer Drahtlocke von nur wenigen Windungen z. B. ist für einen durch Blitzschlag entstehenden Stromstoß schon ein fast unüberwindliches Hindernis. Er sucht sich dann einen anderen Weg.

Falls vor der Spule (Abb. 183) ein Überspannungsableiter (vgl. S. 39) angebracht ist, nimmt der Stromstoß seinen Weg über diesen zur Erde.

Überblick

1. **Selbstinduktion** ist die Induktion auf die Feldspule selbst.
2. **Selbstinduktionsspannung** ist dem erzeugenden Strom entgegengesetzt.
3. Beim Öffnen des Stromkreises entsteht die **Öffnungsspannung** und dadurch der Öffnungsfunke.
4. Der **Spannungsstoß** beim Öffnen des Stromkreises kann durch einen Kondensator abgefangen werden.

16. Wechselstrom

Frequenz

Die Induktionserscheinungen bilden heute die Grundlage der gesamten großtechnischen Stromversorgung.

In einer Spule, die im Magnetfeld bewegt wird, wird eine Spannung induziert (S. 94).

Eine hin- und hergehende Bewegung ist dabei für die technische Verwendung wenig vorteilhaft. Darum zieht man eine Drehbewegung vor.

Dreht man eine Spule zwischen zwei Magnetpolen, so beobachtet man am Zeiger eines angeschlossenen Amperemeters, dessen Nullpunkt in der Mitte der Teilung liegt, daß der Zeiger abwechselnd nach links und rechts ausschlägt. In der Spule fließt also ein Wechselstrom. [75]

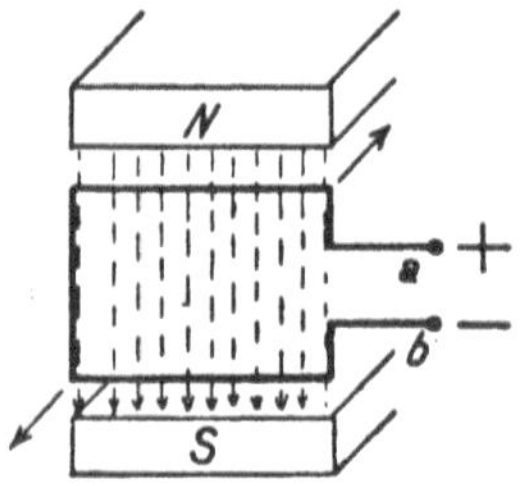

Abb. 184. Eine Spule wird im Magnetfeld gedreht.

Er kommt dadurch zustande, daß beim Drehen der Spule im Magnetfeld die Kraftlinien dauernd in sie eintreten und wieder aus ihr austreten. In Abb. 184 ist zur besseren Übersicht nur eine Windung gezeichnet. Wird an a und b ein Amperemeter angeschlossen, so zeigt dieses einen Strom an.

Man beobachtet, daß bei einer vollen Umdrehung der Spule der Zeiger des Amperemeters einmal hin und her geht. Je öfter sich die Spule in der Sekunde dreht, d. h. je größer ihre Umdrehungszahl ist, um so größer ist auch die in der Sekunde erfolgende Zahl der Hin- und Hergänge des entstehenden Wechselstromes.

Die Anzahl der Hin- und Hergänge in der Sekunde wird **Wechselzahl** oder **Frequenz** genannt. Die Einheit ist das Hertz (Hz). Der technische Wechselstrom hat in den meisten Netzen eine Frequenz von 50 Hz. Er wechselt also 100mal in der Sekunde seine Richtung. Die Zeit eines Hin- und Herganges heißt **Periode**.

Tafel von Frequenzen

Nieder-frequenz	Wechselstrom für elektrische Bahnen	$16\,^2/_3$ Hz	
	Licht- und Kraftstromnetz	50 Hz	
	Sprachfrequenzen beim Fernsprecher	etwa 200 bis 3000 Hz	
Hoch-frequenz	Lange Funkwellen	15000 bis	200000 Hz
	Rundfunkwellen	200000 bis	2000000 Hz
	Kurzwellen	2000000 bis	40000000 Hz

Stromform

Zieht man vor einer mit Schreibstift versehenen Stahlfeder, die hin- und herschwingt, ein Blatt Papier vorüber, so wird eine Wellenlinie aufgezeichnet (Abb. 185). [76]

Ebenso kann man vom Zeiger eines Stromzeigegerätes, das den Wechseln eines Wechselstromes zu folgen vermag, eine Kurve aufzeichnen lassen. Man erhält so die Stromkurve des Wechselstromes. Es ist eine **Wellenlinie.**

Man ersieht aus der Stromkurve, daß der Strom zu Anfang einer Periode Null ist, dann allmählich ansteigt, einen Höchstwert erreicht und wieder bis auf Null abfällt (Abb. 186). Er fließt dann in entgegengesetzter Richtung und geht am Schluß der Periode wieder durch Null, um von dort aus erneut anzusteigen.

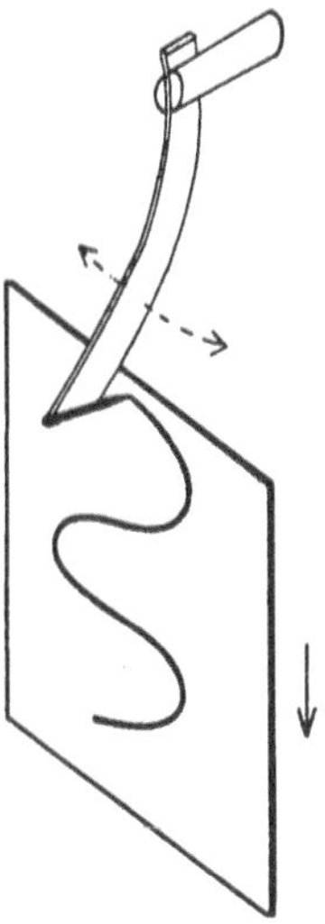

Abb. 185. Eine schwingende Feder zeichnet eine Wellenlinie.

Diese aufgezeichnete Stromkurve wird auch **Sinuslinie** genannt.

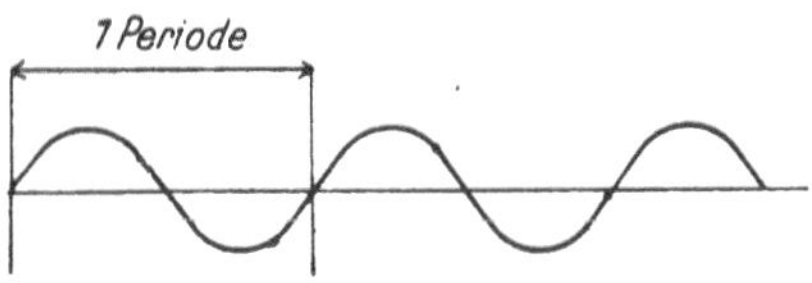

Abb. 186. Wellenlinie des Wechselstromes.

Stromstärke bei Wechselstrom

Der Wechselstrom ändert also dauernd Richtung und Stromstärke. Er verhält sich in manchen Wirkungen trotzdem genau so wie ein Gleichstrom. Ein durch einen Tauchsieder fließender Wechselstrom kann z. B. ein Liter Wasser ebenso zum Kochen bringen wie ein Gleichstrom. Benötigt er dazu dieselbe Zeit, so schreibt man ihm auch dieselbe wirksame Stromstärke zu. Man nennt diese deshalb auch **effektive Stromstärke** (effektiv = wirksam).

Die effektive Stromstärke läßt sich mit einem Dreheisen- oder Hitzdrahtamperemeter messen (S. 60). Man schickt, um ein solches Gerät für Wechselstrom zu eichen, durch das Instrument zunächst einen Gleichstrom von beispielsweise 1, dann 2, 3, 4 Ampere und bringt dementsprechend die Teilungsstriche auf die Teilung an.

Fließt nun Wechselstrom hindurch und der Zeiger schlägt dabei bis zum Teilstrich 4 aus, so hat der Wechselstrom eine effektive Stromstärke von 4 Ampere. Bei den gebräuchlichen Geräten wird die Eichung sogleich nach der Herstellung vorgenommen.

Die Wechselspannung wird mit dem Hitzdrahtvoltmeter oder Dreheisenvoltmeter festgestellt.

Der durch den Glühfaden der Lampe fließende Wechselstrom bewirkt, daß die Helligkeit des Fadens schwankt. Allerdings geht die Abkühlung nicht so schnell vor sich, daß der Faden ganz dunkel wird, während die Stromstärke des Wechselstroms durch Null geht. Eine Glimmlampe jedoch verlöscht in diesem Augenblick vollständig, so daß sie während einer Periode abwechselnd zweimal hell und dunkel wird.

Da die Wechsel beim technischen Wechselstrom sehr schnell verlaufen und das Auge diesen schnellen Wechseln nicht folgen kann, erscheint die Lampe trotzdem dauernd hell. (Auch die Flügel des umlaufenden Propellers oder die Speichen eines schnell fahrenden Rades kann das Auge nicht einzeln erkennen.)

Bringt man die Glimmlampe am Ende einer etwa 50 cm langen Zuleitungsschnur an und schwingt sie langsam im Kreise herum, so erscheint bei Gleichstrom ein gleichmäßig heller Lichtkreis, bei Wechselstrom ist dieser Kreis dagegen durch dunkle Stellen unterbrochen, die jedesmal in dem Augenblick auftreten, in dem die Lampe verlöscht. [77]

Am einfachsten läßt sich der Wechselstrom mit der Polsuchlampe erkennen (S. 38).

Ein an Wechselstrom von 50 Hz angeschlossener Fernhörer gibt ein tiefes Brummen. Die Schwingplatte wird 50mal in der Sekunde angezogen und wieder abgestoßen. [78]

Bei höheren Frequenzen wird der Ton heller. Sehr hohen Frequenzen kann die Schwingplatte des Telephons nicht mehr folgen. Die hochfrequenten Wechselströme, wie sie in der Funktechnik verwendet werden, können also im Fernhörer nicht unmittelbar abgehört werden.

Gesetzmäßigkeiten im Wechselstromkreis!

Ohmscher Widerstand

Legt man an einen Widerstandsdraht zunächst eine Gleichspannung und dann eine gleich große Wechselspannung an, so zeigen eingeschaltete Amperemeter in beiden Fällen gleiche Stromstärke

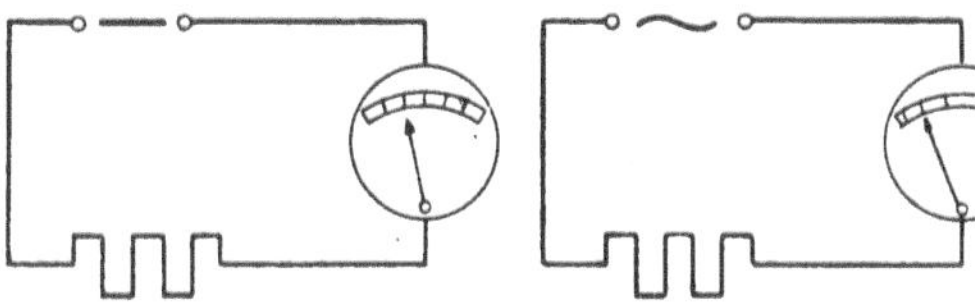

Abb. 187. Gleich- und Wechselspannung werden an einen Ohmschen Widerstand gelegt.

an (Abb. 187). Es wurde schon erwähnt, daß man den Leitungswiderstand des Drahtes „Ohmscher Widerstand“ nennt. [79]

Der Ohmsche Widerstand ist für Gleich- und Wechselstrom derselbe.

Kapazitiver Widerstand

Liegt Gleichspannung an einem Kondensator, so ist die Stromstärke Null (Abb. 188). Wechselstrom dagegen kann durch den

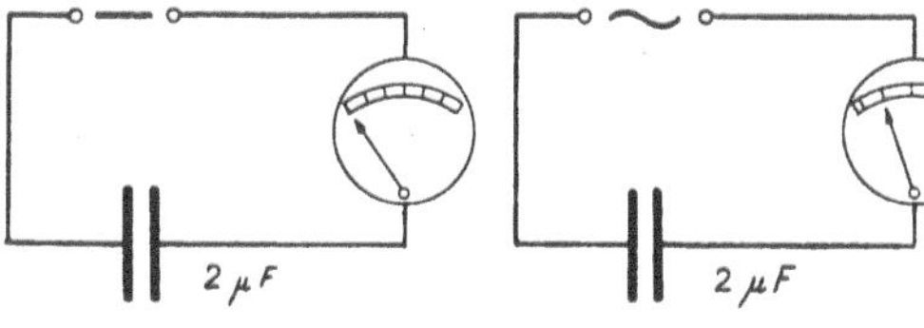

Abb. 188. Gleich- und Wechselspannung werden an einen Kondensator von 2 μ F gelegt.

Kondensator fließen. Da sich der Kondensator im Wechselstromkreis wie ein Widerstand verhält (vgl. S. 48), spricht man von einem kapazitiven Widerstand des Kondensators für Wechselstrom. [80]

Schaltet man nacheinander Kondensatoren von 0,5, 1, 2, 10 Mikrofarad ein, so erkennt man, daß die *Wechselstromstärke* um so *größer* ist, je *größer* die *Kapazität* des Kondensators ist (Abb. 189). **Der kapazitive Widerstand ist um so geringer, je größer die Kapazität ist.**

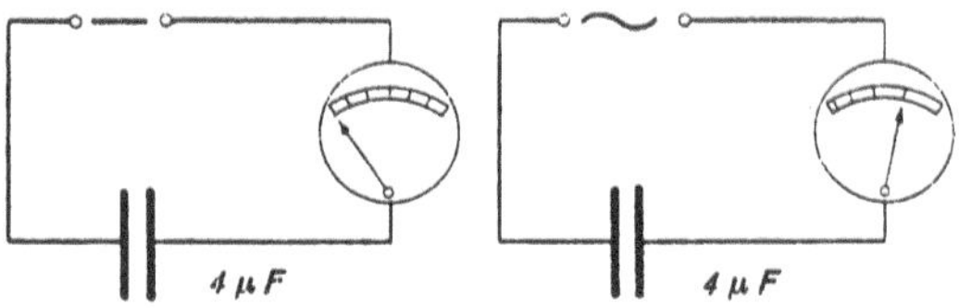

Abb. 189. Gleich- und Wechselspannung werden an einen Kondensator von 4 μF gelegt. (Vgl. Abb. 188).

Induktiver Widerstand

In einer *Selbstinduktionsspule*, die aus dickem Draht besteht und daher nur geringen Ohmschen Widerstand hat, wird die Stromstärke bei Gleichspannung sehr groß (Abb. 190). [81]

Wird dagegen an eine Spule mit großer Selbstinduktion eine Wechselspannung angelegt, so bleibt die Stromstärke in mäßigen Grenzen. Die Selbstinduktion wirkt im Wechselstromkreis wie ein Widerstand. Man spricht daher vom **induktiven Widerstand** der Spule.

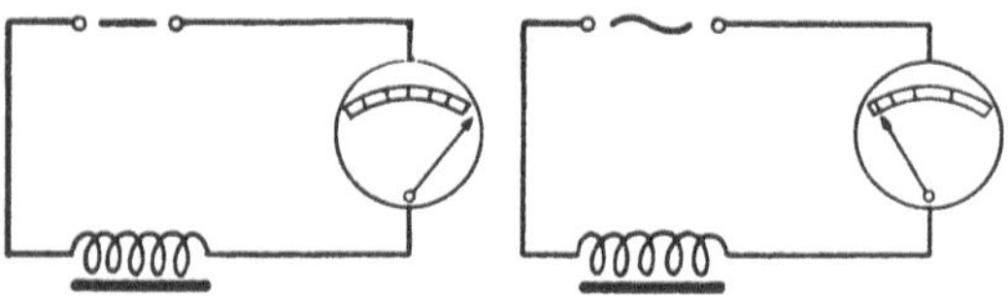

Abb. 190. Gleich- und Wechselspannung werden an eine Spule großer Selbstinduktion gelegt.

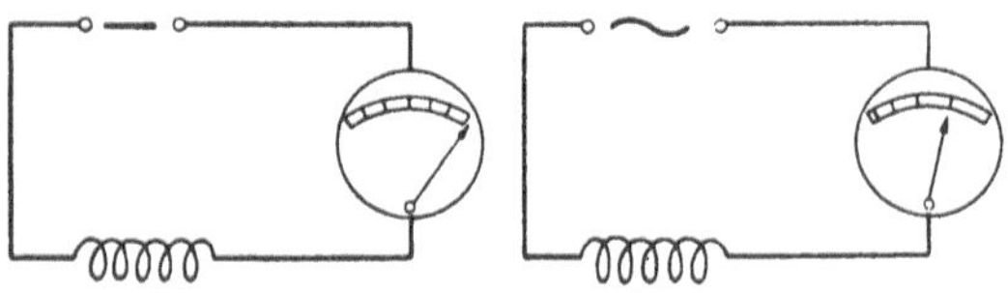

Abb. 191. Gleich- und Wechselspannung werden an eine Spule geringerer Selbstinduktion gelegt.

Die Selbstinduktion der Spule kann verringert werden, indem man den Eisenkern entfernt (Abb. 191). [82]

Dann steigt die Wechselstromstärke; desgleichen, wenn eine Spule mit kleinerer Windungszahl eingeschaltet wird.

Der induktive Widerstand ist um so größer, je größer die Selbstinduktion der Spule ist.

Statt eines Ohmschen Widerstandes wird zur Strombeschränkung deshalb in den Wechselstromkreis auch häufig eine Spule eingeschaltet. Da sie die Aufgabe hat, die Stromstärke zu drosseln, heißt sie **Drosselspule.**

Erhöht man die Frequenz des Stromes, benutzt man also statt eines Wechselstromes von 50 Hz z. B. einen solchen gleicher Spannung von 500 Hz, so wird die Stromstärke in einem Stromkreis

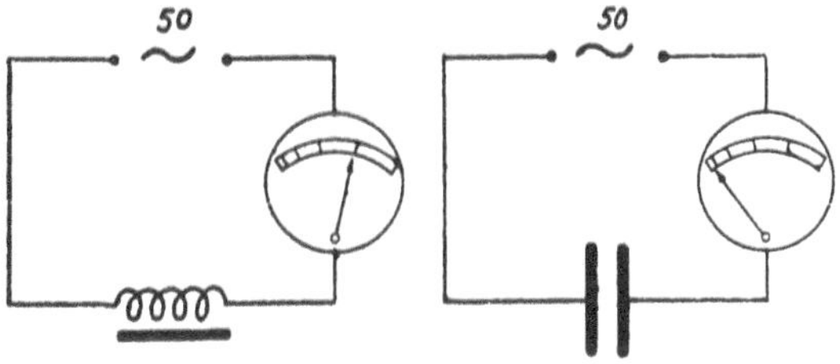

Abb. 192a.
Wechselspannung niedriger Frequenz an Selbstinduktion und Kondensator.

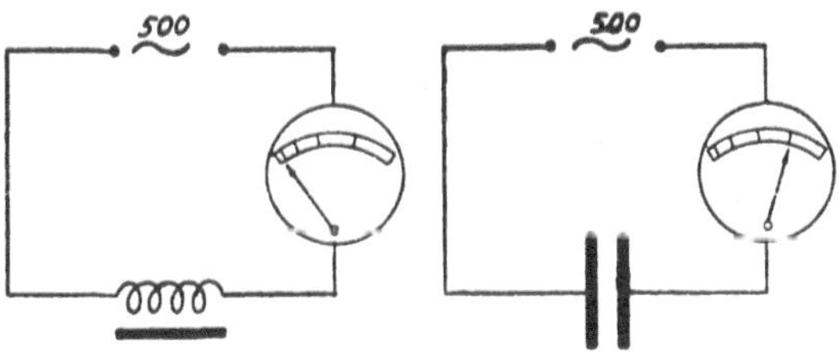

Abb. 192b.
Wechselspannung hoher Frequenz an Selbstinduktion und Kondensator.

mit Selbstinduktion geringer, in einem Stromkreis mit Kapazität dagegen größer (Abb. 192).

Der induktive Widerstand wächst mit steigender Frequenz; der kapazitive Widerstand nimmt mit steigender Frequenz ab.

Elektrische Weiche

Oft muß ein Gerät für Wechselstrombetrieb und ein solches für Gleichstrombetrieb **über ein und dieselbe Leitung** mit Strom versorgt werden. *Die Leitung führt also gleichzeitig Wechselstrom und Gleichstrom.* Die beiden Ströme überlagern sich. Die Linie a in Abb. 193 gibt die Gleichstromstärke an. Die Wechselstromkurve ist durch b dargestellt. Durch die Überlagerung beider entsteht die Stromkurve c. Es ist ein schwankender Gleichstrom.

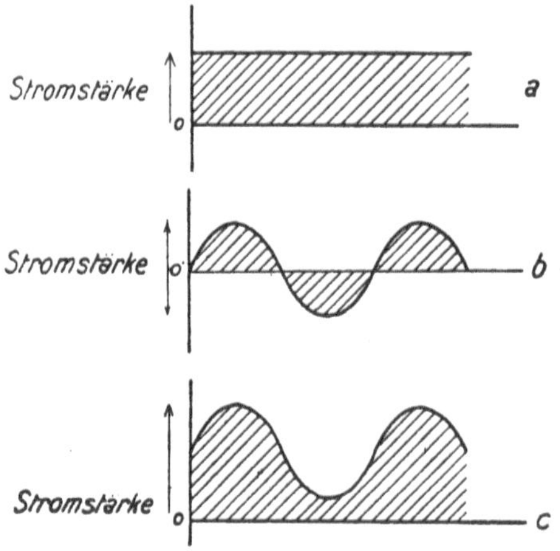

Abb. 193. Überlagerung von Gleich- u. Wechselstrom.

Um jedem der beiden Geräte die vorgesehene Stromart zuzuführen, müssen die Ströme wieder getrennt werden. Dazu schaltet man beide Geräte parallel und legt in den Zweig, durch den der Wechselstrom fließen soll, einen Kondensator, der den Gleichstrom sperrt. In den anderen Zweig wird eine Drosselspule gelegt, die den Gleichstrom fast ungehindert durchläßt und dem Wechselstrom großen Widerstand bietet (elektrische Weiche) (Abb. 194).

Ebenso tritt häufig der Fall ein, daß in derselben Leitung zwei Wechselströme verschiedener Frequenz, z. B. niederfrequenter und hochfrequenter Strom, fließen, die getrennt werden sollen. Auch hier verzweigt man die Leitung und schaltet in den einen Zweig einen Kondensator kleiner Kapazität und in den anderen Zweig eine Drosselspule. Der Hochfrequenzstrom nimmt dann seinen Weg vorwiegend durch den Kondensator, der Niederfrequenzstrom durch die Drossel.

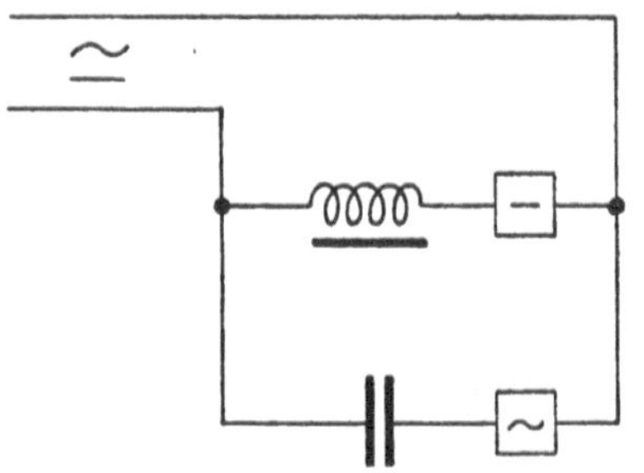

Abb. 194. Trennung von Gleich- und Wechselstrom durch Kondensator und Spule.

Drehstrom

Der Drehstrom ist keine besondere Stromart, sondern besteht in der Verkettung von 3 Wechselströmen, die in 3 getrennten Leitungen fließen (Dreileitersystem). Sie haben gleiche Frequenz, jedoch geht ihre Stromstärke nicht gleichzeitig durch Null. (In der Technik sagt man: Die Ströme haben eine „Phasenverschiebung" gegeneinander.) Zwischen einem der Leiter und einem geerdeten Nulleiter kann man Wechselstrom abnehmen.

Der Drehstrom bietet große Vorteile beim Antrieb der Elektromotore (S. 114).

Überblick

1. Drehung einer Spule im Magnetfeld erzeugt einen **Wechselstrom.**
2. **Frequenz** ist die Zahl der Hin- und Hergänge je Sekunde.
3. **Einheit der Frequenz** ist das **Hertz (Hz).**
4. **Periode** ist die Zeit eines Hin- und Herganges.
5. **Effektive Stromstärke** des Wechselstromes ist gleichwertig der Stromstärke eines gleichwirkenden Gleichstromes.
6. Der **Ohmsche Widerstand** ist bei Gleich- und Wechselstrom gleich.
7. **Kapazitiver Widerstand nimmt ab** mit steigender Frequenz.
8. **Induktiver Widerstand nimmt zu** mit steigender Frequenz.
9. **Drehstrom** ist eine Verkettung von drei Wechselströmen (Dreiphasenstrom).

17. Wechselstrom- und Gleichstrom-Maschinen

Der Wechselstrom-Generator

Maschinen, die den elektrischen Strom durch Induktion erzeugen, heißen **Generatoren** (Dynamo-Maschinen).

Sie bestehen aus einem umlaufenden Teil, dem **Läufer** (Rotor) und einem feststehenden Teil, dem **Ständer** (Stator). Der Läufer wird durch eine Kraftmaschine (Dampfmaschine, Wasserturbine, Verbrennungsmotor) angetrieben.

Man unterscheidet zwei Arten von Generatoren:

1. Bei den **Außenpolmaschinen** befinden sich die Magnetpole zur Erzeugung des Magnetfeldes am Ständer (Abb. 195). Um die Feldlinien zusammenzufassen, tragen sie sogenannte **„Polschuhe“**. Der Läufer wird vom Anker mit den Induktionswicklungen (*Ankerwicklungen*) gebildet.

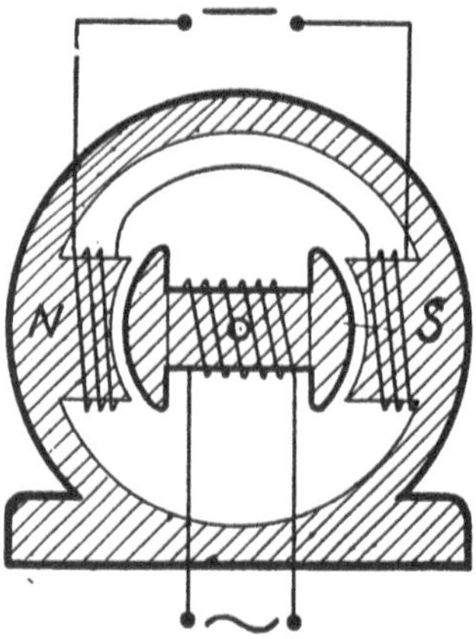

Abb. 195. Außenpolmaschine (die Feldmagnete liegen außen).

Der einfachste derartige Stromerzeuger ist der **Kurbelinduktor**, dessen Rotor durch eine Handkurbel mit einem Zahnrad angetrieben wird (Abb. 196). Der Anker dreht sich zwischen den Polen eines *Dauermagnets*. Wegen seiner besonderen Form heißt er **Doppel-T-Anker**. [83]

Abb. 196. Kurbelinduktor mit Doppel-T-Anker.

Der Kurbelinduktor liefert wegen der hohen Windungszahl der Induktionswicklung Spannungen bis etwa 300 Volt, aber nur sehr geringe Stromstärken. Er findet Anwendung bei Fernsprechanlagen zur Erzeugung des Rufwechselstroms, der an der Empfangsstelle eine Klingel in Betrieb setzt. Auch in den Zündmaschinen für Sprengungen und bei den Zündvorrichtungen für Flugmotoren, Krafträder und Kraftwagen finden ähnliche Geräte Verwendung.

Die elektrische Energie im Generator entsteht aus mechanischer Arbeit. Je mehr elektrische Energie entnommen wird, um so mehr Kraft muß zur Drehung des Läufers aufgewendet werden. Dies merkt man sehr deutlich, wenn der Kurbelinduktor Strom liefert. Die Kurbel läßt sich dann nur schwer drehen; entnimmt man keinen Strom, so dreht sie sich leicht.

Bei größeren Generatoren werden keine Stahlmagnete, sondern

Elektromagnete benutzt. Die Spulen der Feldmagnete tragen den Namen „Feldspulen“, Feldwicklungen oder Erregerwicklungen.

Der zur Erregung der Feldmagnete notwendige Gleichstrom wird entweder einer besonderen Gleichstromquelle entnommen oder von einem mit dem Wechselstromgenerator unmittelbar gekuppelten Gleichstromerzeuger geliefert (Erregermaschine).

Die Enden der Ankerwicklung werden zu zwei voneinander isolierten Schleifringen geführt (Abb. 197), die auf der Achse des Läufers sitzen. Der Strom wird durch zwei Schleifbürsten abgenommen, die aus Kohle mit Kupferzusatz oder einem gepreßten Metallgewebe bestehen. (Früher benutzte man Bürsten aus Kupferdraht, woher der Name „Schleifbürsten“ stammt.)

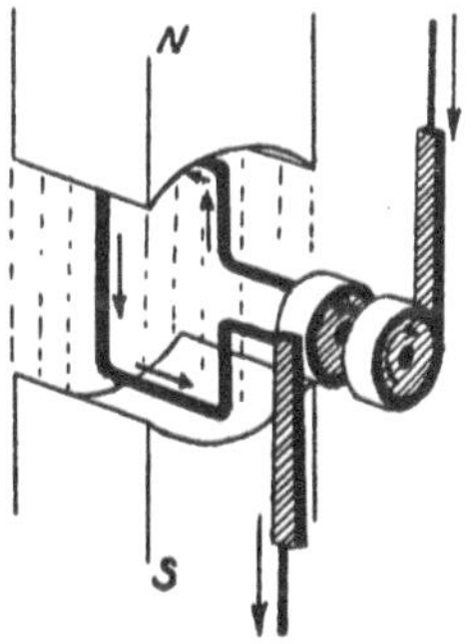

Abb. 197. Schleifringe für Wechselstrommaschine.

2. Bei den **Innenpolmaschinen** befinden sich die Induktionswicklungen auf dem Ständer und die Feldspulen auf dem Rotor (Abb. 198). Diesen Feldspulen wird der Erregerstrom über die Schleifringe zugeführt.

In dem technischen Aufbau der Großmaschinen benutzt man mehrere Pole — **Mehrpolmaschinen** — und an Stelle des Doppel-T-Ankers werden andere, geeignetere Ankerformen verwendet.

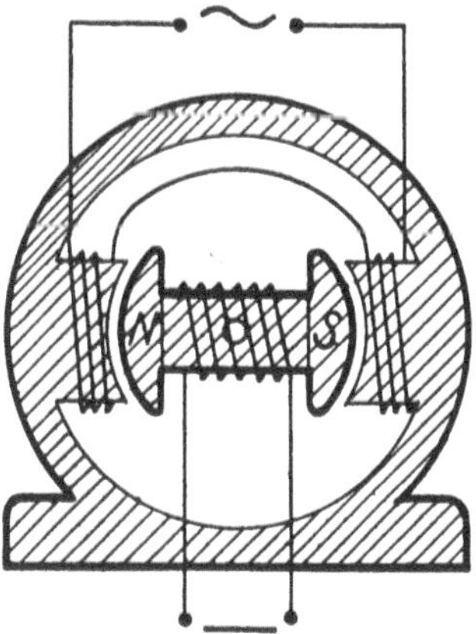

Abb. 198. Innenpolmaschine (die Feldmagnete liegen auf dem Rotor).

Der Gleichstrom-Generator

Benutzt man einen unterteilten Schleifring, wie ihn in vereinfachter Form Abb. 199 zeigt, und läßt die Schleifbürsten auf diesem einfachen mechanischen Schaltwerk **(Kollektor)** schleifen, so tritt bei be-

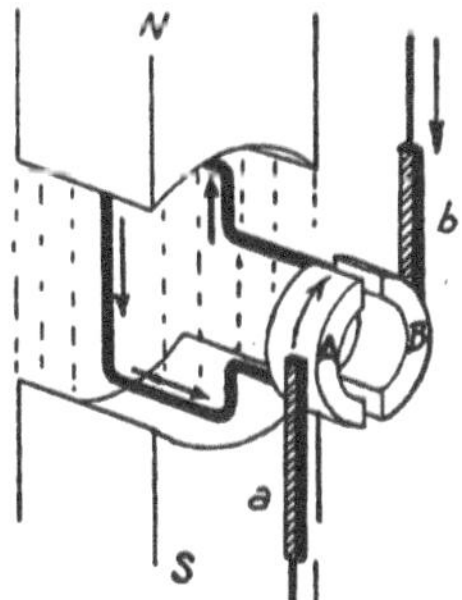

Abb. 199. Anordnung eines Kollektors (schematisch).

stimmter Stellung der Bürsten gerade in den Punkten, in denen die Spannung Null ist, eine Umpolung ein.

Während der ersten Halbwelle der Periode berühren in Abb. 200 die Bürste a und die Schleifringhälfte A (bzw. b und B) einander, während bei der zweiten Halbwelle die Bürste a und die Hälfte B (bzw. b und A) verbunden sind.

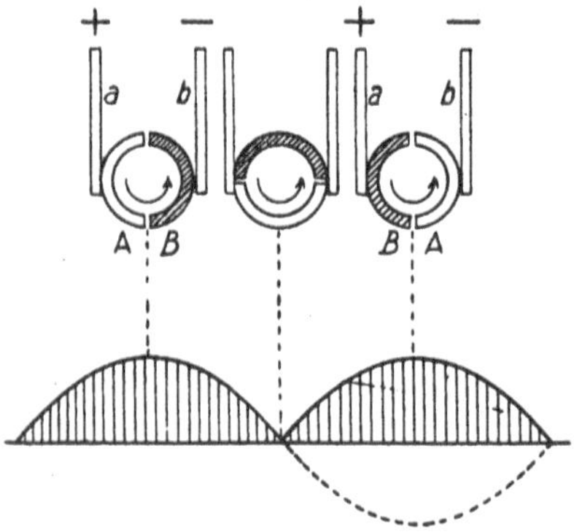

Abb. 200. Gleichrichtung der zweiten Halbwelle des Wechselstroms.

Infolge dieser Umpolung fließt in der Außenleitung der Strom immer in der gleichen Richtung. Es entsteht dadurch ein auf- und abschwankender G l e i c h s t r o m.

Um diese Schwankungen auszugleichen, wird statt einer Spule eine ganze Reihe von Spulen in geeigneter Weise auf den Anker aufgewickelt. Die Enden jeder Spule werden dabei zu je einem Schleifringstück geführt. Der hier benutzte Kollektor besteht daher aus vielen einzelnen „L a m e l l e n“.

Die gebräuchlichste Form für Gleichstrommaschinen ist der **Trommelanker.** Abb. 201 zeigt einen Trommelanker mit dem Kollektor.

Abb. 201. Trommelanker mit Kollektor.

Selbsterregung

Um die Feldspulen der Gleichstrommaschinen mit Strom zu versehen, ist eine Stromquelle notwendig. Hierzu wird beim Gleichstromgenerator der von der Maschine erzeugte Strom **selbst** benutzt **(Selbsterregung).**

Im Eisen der Elektromagnete bleiben stets Spuren des Magnetismus zurück. Läuft die Maschine an, so entsteht infolge des vorhandenen schwachen Magnetfeldes zuerst ein schwacher Induktionsstrom. Diesen leitet man nun durch die Feldwicklungen und verstärkt damit das Magnetfeld. Dadurch wird der Induktionsstrom größer und so steigert sich beides, Feldstärke und Induktionsstrom gegenseitig, bis ein bestimmter Höchstwert erreicht ist.

Die Erfindung der Selbsterregung stammt von Werner v. Siemens. Wegen des überragenden Erfolges dieser Erfindung gilt Werner v. Siemens als der eigentliche Begründer der Elektrotechnik.

Feldschaltungen

Der Strom für die Erregung kann den Feldspulen auf verschiedene Art zugeleitet werden. Bei der **Hauptschlußschaltung** wird der gesamte im Anker erzeugte Strom zuerst durch die Feldwicklungen und dann in das Netz geleitet. Anker und Feldwicklungen sind zu diesem Zweck hintereinandergeschaltet (Abb. 202). [84]

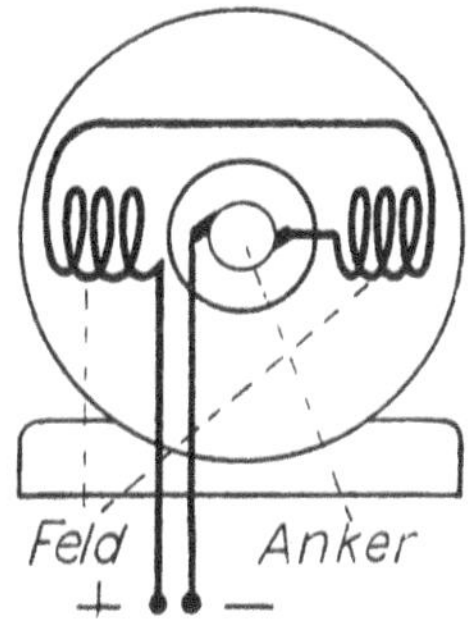

Abb. 202. Hauptschlußmaschine.

Die Spannung der Hauptschlußmaschine ist hierbei sehr stark von der Belastung, d. h. der Stromentnahme im Verbraucherkreis abhängig.

Dagegen liefert die **Nebenschlußmaschine** auch bei starker Belastung eine ziemlich gleichbleibende Spannung.

Bei ihr werden Anker und Feldwicklungen parallelgeschaltet (Abb. 203). Von dem Gesamtstrom wird ein Teil abgezweigt, der dann durch die Feldwicklungen fließt. Man kann durch einen Widerstand die Felderregung regeln, so daß sich die Spannung des Generators auf einen bestimmten Wert einstellen läßt.

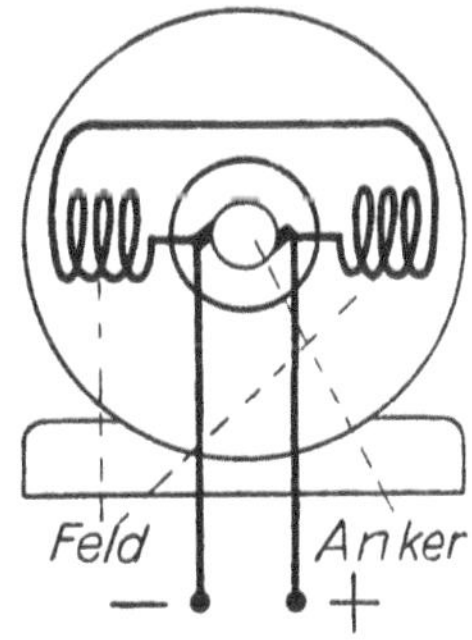

Abb. 203. Nebenschlußmaschine.

Nebenschlußgeneratoren werden in der Gleichstromtechnik sehr viel verwendet, z. B. als Lichtmaschinen bei Scheinwerfern und Kraftwagen, als Lademaschinen für Sammler u. a.

Gleich- und Wechselstrommotor

Es wurde oben klargestellt, daß durch die Bewegung eines Leiters im Magnetfeld ein Strom erzeugt wird, andererseits ein stromdurchflossener Leiter im Magnetfeld sich in Bewegung setzt.

Man läßt nach Abb. 204 eine an zwei Leitungsdrähten aufgehängte Spule im Magnetfeld eines Hufeisenmagnets schwingen. Dadurch wird in dieser Spule ein Strom induziert. Schickt man diesen Wechselstrom durch eine zweite Spule, so beginnt diese sich im Magnetfeld des zweiten Hufeisenmagnets hin- und herzubewegen. Die erste Spule wirkt wie ein **Generator,** die zweite wie ein **Motor.**

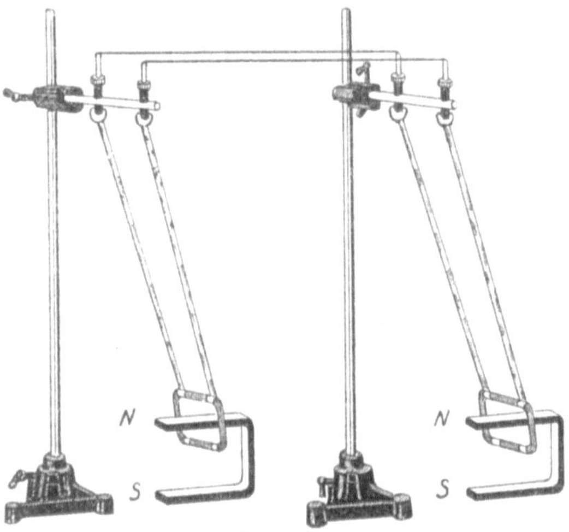

Abb. 204.
Durch Bewegung der linken Spule entsteht ein Induktionsstrom, der die rechte Spule in Bewegung setzt.

In der Technik benutzt man statt der Hin- und Herbewegung natürlich eine Drehbewegung.

Schickt man in den Gleichstromgenerator einen Gleichstrom, so setzt sich der Läufer in Bewegung. Ein Gleichstromgenerator kann ohne weiteres als Gleichstrommotor benutzt werden.

Die gebräuchlichen Gleichstrommotore besitzen ebenfalls Selbsterregung (siehe oben). Auch hier verwendet man die Hauptschluß- oder die Nebenschlußschaltung.

Die Hauptschlußschaltung ist hauptsächlich dort vorzuziehen, wo der Motor bei starker Belastung anlaufen muß, z. B. bei elektrischen Bahnen, beim Anlassen eines Kraftwagens.

Um den Strom beim Anlaufen des Motors regeln zu können, schaltet man einen Vorwiderstand **(Anlaßwiderstand)** in die Leitung. Sobald die notwendige Umdrehungszahl erreicht ist, wird dieser Anlaßwiderstand ausgeschaltet.

Wechselstrommotore, insbesondere in der Form der Drehstrommotore haben überall dort ein großes Anwendungsgebiet, wo der Wechselstrom vom Netz geliefert wird. Die gebräuchlichste Bauart des Drehstrommotors mit Kurzschlußläufer hat den Vorteil großer Einfachheit im Aufbau, hat keine Schleifringe, keinen Kollektor und braucht fast keine Wartung.

Umformer und Gleichrichter

Häufig wird an der Verbrauchsstelle eine andere Stromart benötigt, als das Elektrizitätswerk oder die vorhandene Stromquelle liefert.

Um Gleichstrom in Wechselstrom umzuwandeln, wird ein Gleichstrommotor mit einem Wechselstromgenerator gekuppelt. Abb. 205 zeigt den Aufbau eines solchen **Motorgenerators.** Dabei kann man durch Regelung der Umlaufsgeschwindigkeit des Gleichstrommotors die Frequenz des entstehenden Wechselstromes ändern. Statt zweier getrennter Maschinen kann man auch eine einzige benutzen, deren Ankerwicklung als Motor- und Generatorfeldwicklung gleichzeitig benutzt wird. So erhält man den **„Einankerumformer".**

Abb. 205.
Motorgenerator zur Umformung von Gleich- in Wechselstrom

In entsprechender Weise läßt sich Wechselstrom in Gleichstrom mit dem Motorgenerator oder Einankerumformer umwandeln, bei dem ein Wechselstrommotor einen Gleichstromgenerator antreibt.

In der Funktechnik werden auch häufig Einanker-Umformer benutzt, die mit dem Gleichstrom einer Sammlerbatterie betrieben werden und hochgespannten Gleichstrom für das Funkgerät abgeben.

Diese Umformer besitzen aber im Gegensatz zu den vorher genannten zwei Ankerwicklungen auf einem Anker. Die Feldspulen sind also für beide Wicklungen gemeinsam.

Statt des rotierenden Umformers wird zur Umwandlung von Wechselstrom in Gleichstrom in steigendem Maße der **Gleichrichter** benutzt. Ein Gleichrichter läßt den Wechselstrom nur in einer Richtung durch, in der anderen Richtung sperrt er den Stromdurchgang.

Für größere und größte Leistungen finden heute **Quecksilberdampfgleichrichter** Verwendung. Ein in Quecksilberdampf zwischen geeigneten Elektroden übergehender Entladungsstrom kann nur in einer Richtung fließen, in der anderen wird er gesperrt. Die Arbeitsweise ist ähnlich der der Zweielektrodenröhre (vgl. S. 127).

Auch die **Trockengleichrichter** werden viel gebraucht.

Ein Element des Trockengleichrichters besteht aus einer Kupferscheibe, auf die eine Sperrschicht (Kupferoxydul) aufgebracht ist, und einer Kupferplatte, die fest gegen diese Schicht gepreßt wird. Der Wechselstrom findet in einer Richtung fast keinen Widerstand, dagegen wird in der umgekehrten Richtung der Strom fast völlig gesperrt. Zwischen die Platten wird bei einigen Ausführungsformen zum Druckausgleich noch eine Bleiplatte eingepreßt (Abb. 206). Um eine gute Wärmeabfuhr während des Betriebes zu erreichen, sind die Platten mit Kühlblechen versehen. Ähnlich wirken Gleichrichter, die aus einer Eisenplatte und einer auf diese aufgespritzten Selen- und Bleischicht bestehen (S e l e n g l e i c h r i c h t e r).

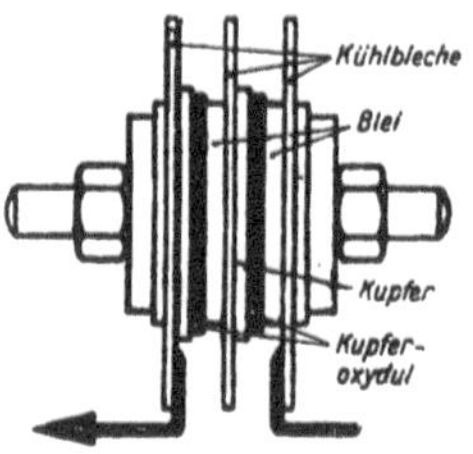

Abb. 206. Schnitt durch einen Trockengleichrichter.

Der Kupferoxydulgleichrichter ist in der Lage, eine Spannung von 14 Volt in einer Richtung zu sperren, der Selengleichrichter sperrt sogar 18 Volt.

Sind höhere Spannungen gleichzurichten, so müssen entsprechend mehr Elemente hintereinandergeschaltet werden.

Überblick

1. **Generatoren** sind Stromerzeuger. In ihnen wird elektrische Energie aus mechanischer Arbeit gewonnen.
2. **Motore** verwandeln elektrische Energie in mechanische Arbeit.
3. **Außenpolmaschinen** liefern den Strom aus der Induktionswicklung des Läufers; die Feldwicklungen liegen **außen.**
4. **Innenpolmaschinen** liefern den Strom aus den Induktionswicklungen des Ständers. Die Feldwicklungen liegen **innen.**
5. Bei **Hauptschlußmaschinen** fließt der gesamte Verbrauchsstrom durch die Feldwicklungen hindurch.
6. Bei **Nebenschlußmaschinen** liegen Feldwicklungen und Induktionswicklungen parallel.
7. **Umformer** dienen zur Umwandlung einer Stromart in eine

andere oder zur Umwandlung der Gleichspannung in eine höhere oder niedrigere.

8. **Gleichrichter** dienen zur Umwandlung von Wechselstrom in Gleichstrom. Sie lassen den Strom nur in einer Richtung durch und sperren den Durchgang in der anderen Richtung.

18. Transformatoren

Umspanner

Die Verfahren zur Umformung von Gleichstrom in Wechselstrom und von Wechselstrom in Gleichstrom wurden oben beschrieben. Noch häufiger ergibt sich in der Technik die Notwendigkeit der Umwandlung von Wechselstrom niederer Spannung in solchen hoher Spannung und umgekehrt.

Diese Aufgabe erfüllen die **Umspanner**, auch **Transformatoren** genannt.

Durchfließt ein Wechselstrom eine Spule, so ruft er in ihr ein magnetisches Wechselfeld hervor (**Feldspule**). In einer zweiten Spule, die sich im Kraftfeld der ersten befindet, entsteht dann durch Induktion eine Wechselspannung gleicher Frequenz, deren Größe von der Windungszahl der Zweitspule abhängig ist (**Induktionsspule**).

Die günstigste Wirkung tritt ein, wenn alle Kraftlinien der Feldspule (auch „Erstspule" oder Primärspule genannt) von den Windungen der Induktionsspule („Zweitspule" oder Sekundärspule) umschlungen werden. Dies erreicht man dadurch, daß man die Spulen auf einen gemeinsamen Eisenkern bringt, dessen Kraftlinienverlauf durch ein Joch oder einen Ring geschlossen ist (Abb. 207). Da beide Windungen auf einem Kern liegen, trägt er den Namen **„Kerntrans-**

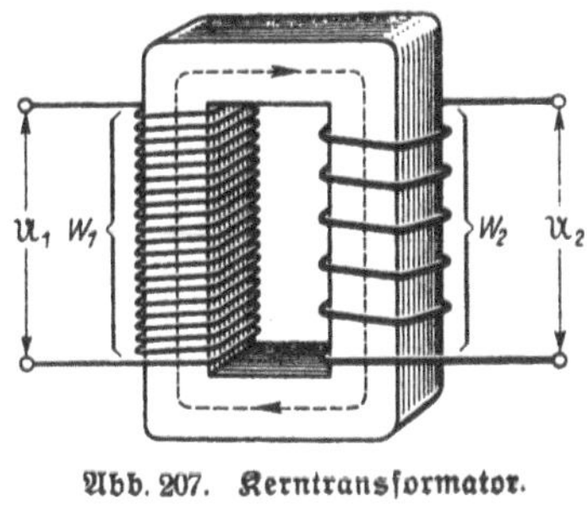

Abb. 207. Kerntransformator.

formator". Abb. 208 stellt den Aufbau eines **„Manteltransformators"** dar. [85]

Der Eisenkern besteht aus einzelnen von einander isolierten Blechen, damit das Entstehen von **Wirbelströmen** möglichst vermieden wird.

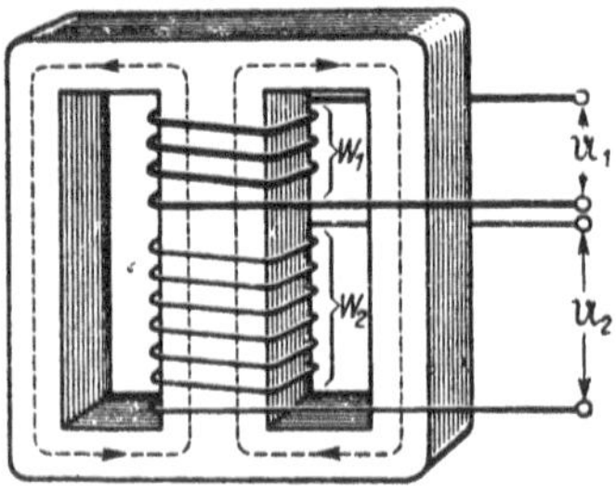

Abb 208. Manteltransformator.

Die immer vorhandenen geringen Wirbelströme können bei großen technischen Transformatoren eine unerwünschte Erwärmung verursachen. Aus diesem Grunde müssen die Transformatoren großer Leistung gekühlt werden (*Öl-Transformatoren*), damit die erzeugte Wärme abgeleitet wird.

Die Spannung der Erstspule wird *Eingangsspannung* (U_1), die der Zweitspule *Ausgangsspannung* (U_2) genannt.

Das Verhältnis der Eingangs- zur Ausgangsspannung ist von den Windungszahlen W_1 und W_2 der Spulen abhängig.

Abb. 209. Aufbau eines zerlegbaren Transformators.

Stellt man einen „Transformator" nach Abb. 209 zusammen, dessen beide Spulen je etwa 300 Windungen haben, und mißt mit einem Dreheisengerät die Spannungen an der Erst- und Zweitspule, so findet man, daß beide gleich hoch sind.

Ändert man die Windungszahl der Zweitspule auf 600, 1200 und 3600 Windungen, so zeigt die Spannungsmessung, daß die Spannung entsprechend der Windungszahl auf das Doppelte, Vierfache bzw. Zwölffache ansteigt[1]). [86]

[1]) Voraussetzung ist dabei, daß der Transformator verlustfrei arbeitet, was in der Praxis nie ganz der Fall ist.

Eingangs- und Ausgangsspannung verhalten sich wie die Windungszahlen der Spulen.

Das Verhältnis der Windungszahlen heißt **Übersetzung des Umspanners.**

Es läßt sich nach obigem Beispiel die Ausgangsspannung leicht berechnen, wenn die Eingangsspannung 220 V beträgt.

Da man aus einem Umspanner nicht mehr Energie herausholen kann, als man hineinschickt, so muß in der Spule mit der höheren Spannung eine kleinere Stromstärke fließen. *Die Leistung, d. h. Stromstärke mal Spannung, muß dieselbe bleiben.* [87]

Die Stromstärken verhalten sich also umgekehrt wie die Windungszahlen (vgl. die Anmerkung auf Seite 118).

Die **Hochspannungen** der Umspannwerke werden auf diese Art und Weise erzeugt (s. u.). [88]

Benutzt man dagegen eine Erstspule von einigen Hundert Windungen und eine Zweitspule von nur wenigen Windungen eines dicken Drahtes, so erhält man zwar niedrige Spannung, aber eine um so größere Stromstärke. Schon mit einem kleinen Umspanner nach Abb. 210 kann auf diese Weise ein dicker Nagel durchgeschmolzen werden. [89]

Auf gleiche Weise erzeugt man stärkste Ströme (mehrere Tau-

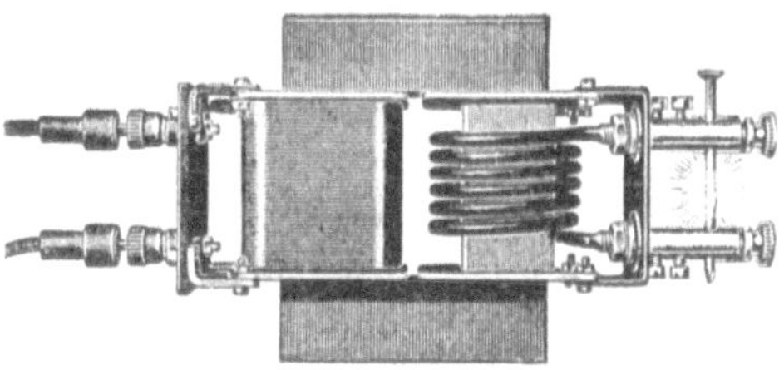

Abb. 210. Erzeugung hoher Stromstärken.

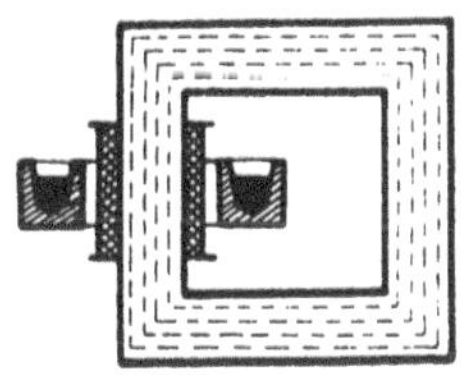

Abb. 211. Schema eines Induktionsschmelzofens

send Ampere) in *Induktionsschmelzöfen* und *Schweißmaschinen.*

Abb. 211 zeigt den Querschnitt durch das Modell eines **Induktionsschmelzofens.** [90]

Als *Induktionsspule mit einer einzigen Windung* dient das Schmelzgut selbst, das in eine Rinne aus feuerfestem Material um den Umspannkern mit der Feldspule kreisförmig herumliegt. Beim Abstechen des geschmolzenen Metalls bleibt ein Rest zurück, damit für weitere „Beschickungen“ der Induktionsstromkreis geschlossen bleibt.

Elektrisches Schweißen

Bringt man zwischen die Elektroden der Zange nach Abb. 212 zwei Bleche, so hat der Strom drei Übergangswiderstände zu überwinden, und zwar zwischen der oberen Elektrode und dem oberen Blech, zwischen den beiden Blechen und zwischen dem unteren Blech und der zweiten Elektrode. Von diesen drei Widerständen ist der mittlere am größten; es findet also dort die stärkste Erwärmung beim Durchgang des elektrischen Stromes statt.

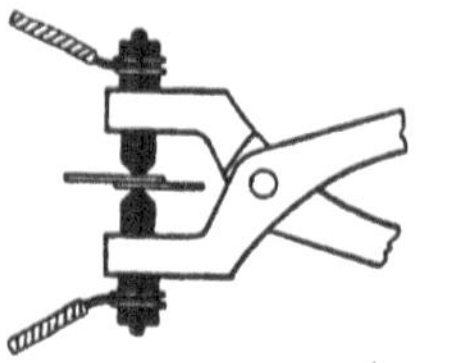

Abb. 212. Schweißzange für Punktschweißen.

Bei Schweißen drückt man die Elektroden erst wenig auf die beiden Bleche, so daß die Berührungsstellen weißgühend werden. Dann preßt man mit kräftigem Druck zusammen, und die Schweißung ist vollendet: **Punktschweißung.** [91]

Abb. 213 zeigt eine elektrische Punktschweißmaschine mit Hand- und Fußbetätigung. Die beiden links angebrachten Kupferelektroden werden durch den Hebel mit Gegengewicht (links oben) oder durch den Fußhebel (unten) zusammengebracht. In dem großen Körper rechts befindet sich der Transformator, von dem dicke Kupferseile und -schienen zu den Elektroden führen.

Abb. 213. Technische Ausführung einer Punktschweißmaschine.

Ein anderes Verfahren ist die **Stumpfschweißung.** Die beiden Metallhälften werden miteinander in Berührung gebracht. Durch den Übergangswiderstand an der Schweißstelle wird das Metall stark glühend und fast flüssig und wird in diesem Zustand zusammengepreßt. Abb. 214 zeigt das Schaltschema und den Aufbau einer Ketten-Schweißmaschine.

Der Transformator befindet sich unten in der Maschine, die

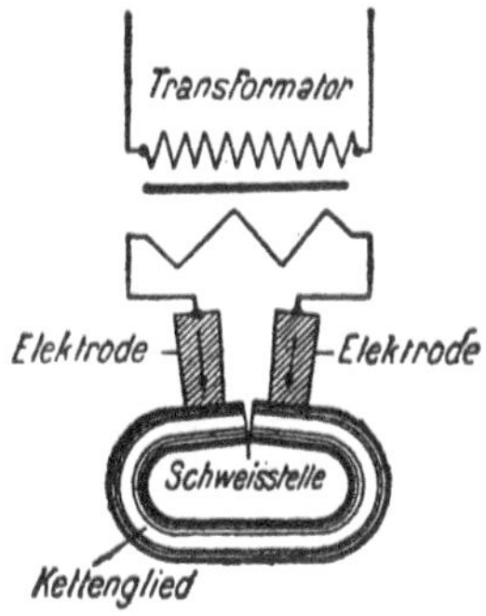

Abb. 214a. Schaltung einer Stumpfschweißmaschine.

Abb. 214b. Technische Ausführung einer Kettenschweißmaschine.

selbsttätig Glied für Glied der Kette nach dem Schweißen weiterschiebt und dabei zugleich den entstehenden Grat abputzt.

Auch in der Fernmeldetechnik spielt der Transformator eine wichtige Rolle. Hier dient die **„Induktionsspule"** (Sprechspule) zur Erhöhung der Spannung.

Der Mikrophonstrom durchfließt die Erstspule und erzeugt in der Zweitspule, deren Windungszahl vielfach höher ist, einen Induktionsstrom mit gleicher Frequenz, der wegen seiner hohen Spannung die Fernleitung besser überwindet. Auf der Empfängerseite wird ebenfalls eine Induktionsspule eingeschaltet, die beim Gegensprechen demselben Zwecke dient (Abb. 215).

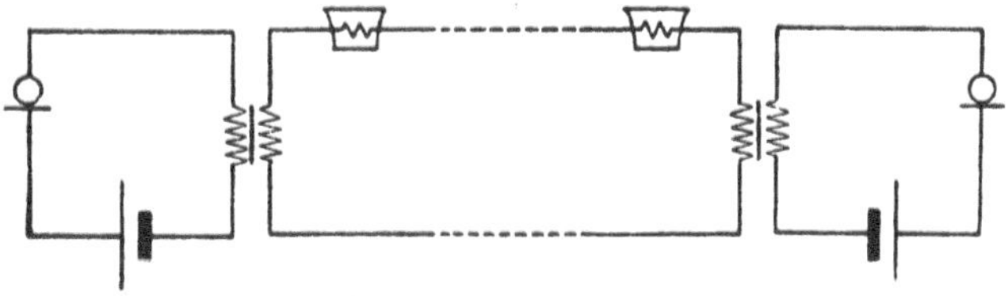

Abb. 215. Anwendung der Induktionsspule (Sprechspule).

Eine weitere Anwendung des Transformators im Fernsprechwesen ist der **„Übertrager"**.

Hier soll nicht die Spannung erhöht werden, sondern durch die Induktion die Übertragung des Sprechwechselstroms auf eine zweite Leitung durchgeführt werden, ohne daß zwischen der ersten und zweiten Leitung eine metallische Verbindung besteht. Dieses ist oft notwendig, wenn von einer Einfachleitung auf eine Doppelleitung übergegangen werden soll (Abb. 216).

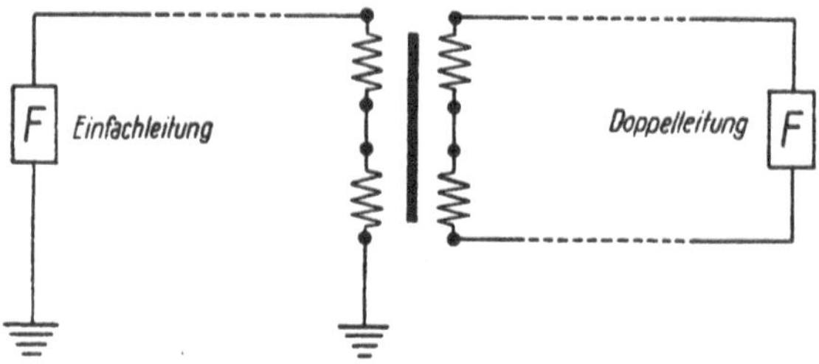

Abb 216. Schaltung eines Übertragers.

Auch beim Kraftwagenmotor findet der Transformator bei der sogenannten Batteriezündung in der Hochspannungsanlage Anwendung zur Erzeugung der Zündspannung der Zündkerzen (S. 37).

Hierbei benutzt man eine vereinfachte Bauart des Transformators, den sogenannten **Spartransformator** (Abb. 217). Die Erstwicklung und Zweitwicklung werden zusammengeschlossen, so daß als Feldspule der Teil AB und als Induktionsspule die ganze Spule AC dient. Da die Sammlerbatterie bzw. die Lichtmaschine Gleichstrom liefert, muß durch einen Unterbrecher der Gleichstrom im richtigen Augenblick unterbrochen werden. Die Unterbrechung des Erststromkreises geschieht durch einen Unterbrecherhebel (U), der über einen Nocken (N) von dem Motor gesteuert wird. Der zerhackte Gleichstrom in der Erstwicklung induziert eine hohe Spannung in der Zweitwicklung. Der Verteiler V schließt dann die Zündkerzen in der vorgeschriebenen Reihenfolge an.

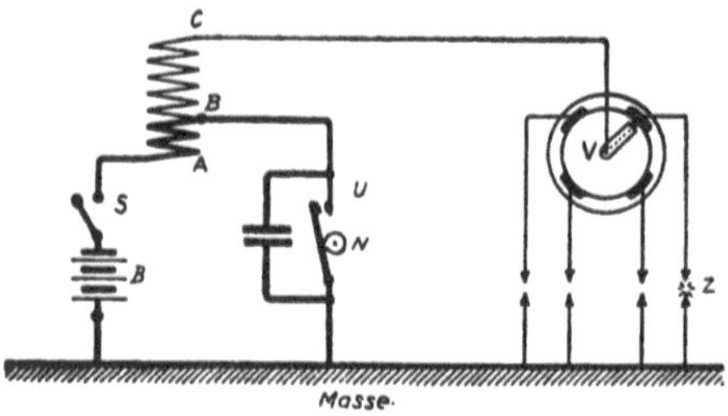

Abb. 217. Anwendung eines Spartransformators als Zündspule in Kraftwagen.

Der Umspanner dient ferner dazu, Geräte an das Wechselstromnetz des Elektrizitätswerkes anzuschließen, soweit sie andere Spannungen brauchen, z. B. Funkgeräte, Klingelanlagen u. ä.

Fernleitung der elektrischen Energie

Bei der Großversorgung mit elektrischer Energie und ihrer Fernleitung spielt der Umspanner eine sehr wichtige Rolle.

Bei den Untersuchungen über die Stromwärme wurde festgestellt, daß die „Verlustwärme" von dem Widerstand der Leitung und der Stromstärke abhängig ist. Um diese Verlustwärme zu verringern, benutzt man auf große Entfernungen möglichst geringe Stromstärken, muß aber dafür, weil die Leistung gleichbleiben soll, die Spannung erhöhen.

Die elektrischen Stromerzeuger selbst lassen wegen Schwierigkeiten in der Isolation keine sehr hohen Spannungen zu. Durch Umspanner kann man die gewünschte Hochspannung leicht erreichen. Durch sie wird die Maschinenspannung auf etwa 30 000 bis 200 000 V (30—200 kV) hinaufgespannt (Aufspanner). Diese Hochspannung gelangt durch die Überlandleitung unter geringsten Verlusten zu den Verbraucherstellen. Dort spannt man die hohen Spannungen wieder herunter (Abspanner). Dies geschieht meistens in mehreren Stufen, es ist dann noch ein Nahverteilernetz von 2000—6000 V zwischen Überlandleitung und Verbraucher geschaltet. Der niedrig gespannte Strom von meistens

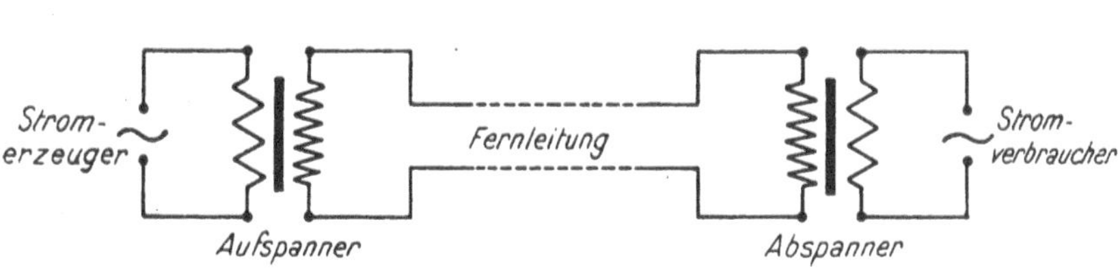

Abb. 218. Schema einer Kraftübertragungsanlage.

220 V wird dann unmittelbar den Verbrauchsgeräten zugeführt. Abb. 218 zeigt schematisch eine solche Kraftübertragungsanlage. [92]

Überblick

1. Der **Umspanner** dient zur Umwandlung von Wechselstrom niedriger Spannung in solchen hoher Spannung oder umgekehrt.
2. Er besteht aus zwei Spulen, **Erstspule** oder **Feldspule** und **Zweitspule** oder **Induktionsspule,** die auf einem gemeinsamen Eisenkern sitzen.
3. **Ausgangs-** und **Eingangsspannung** verhalten sich wie die Windungszahlen der Spulen.
4. **Ausgangs- und Eingangsstromstärke** verhalten sich umgekehrt wie die Windungszahlen der Spulen.
5. **Übertrager** ist ein im Fernmeldewesen benutzter Umspanner.
6. **Spartransformator** benutzt als Feldspule einen Teil der Induktionsspule.

III. Elektronenröhre

19. Die Zweipolröhre

Entstehung des Elektronenstromes

Die Elektronen wandern in den Metalldrähten und folgen dabei dem Laufe der Leitungen. In die den Leiter umgebende Luft treten sie nur in besonderen Fällen über, so z. B., wenn der Strom in Form eines Funkens seinen Weg durch die Luft nimmt. Dazu ist aber eine sehr hohe Spannung notwendig.

Wird dagegen ein Draht zum Glühen erhitzt, so tritt ein Teil der Elektronen von selbst aus der Oberfläche heraus.

Man kann sich dies so vorstellen, daß die Moleküle des Metalls bei der Erhitzung in sehr heftig schwingende Bewegungen versetzt werden. Dabei werden auch die Elektronen hin- und hergeworfen. Diese Bewegung kann so heftig werden, daß die Elektronen aus der Oberfläche des Leiters heraus nach außen geschleudert werden.

Dieser Vorgang wird noch begünstigt, wenn man den glühenden Leiter in einer luftleer gepumpten Röhre unterbringt. Es bildet sich um den glühenden Körper eine **Elektronenwolke** (Abb. 219).

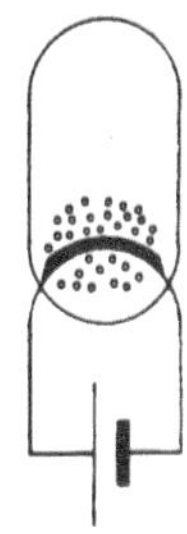

Abb. 219. Elektronenwolke um die Glühkathode.

Das Aussenden der Elektronen wird auch **Emission** genannt.

Es gibt bestimmte Stoffe, die den Austritt der Elektronen erleichtern. Mit diesen überzieht man den Glühfaden der Elektronenröhre. Die auf den Glühfaden aufgebrachte Schicht heißt **Emissionsschicht.**

Die Erhitzung des Glühfadens geschieht durch einen elektrischen Strom. Glühfaden, Zuleitung und Heizstromquelle bilden den **„Heizkreis“.**

Gegenüber dem Glühfaden, auch „Sprühpol“ oder **„Glühkathode“** genannt, bringt man nunmehr eine zweite Elektrode, den „Fangpol“ oder **die Anode,** an und ladet sie positiv auf, indem man sie mit dem Pluspol einer Stromquelle (Anodenbatterie)

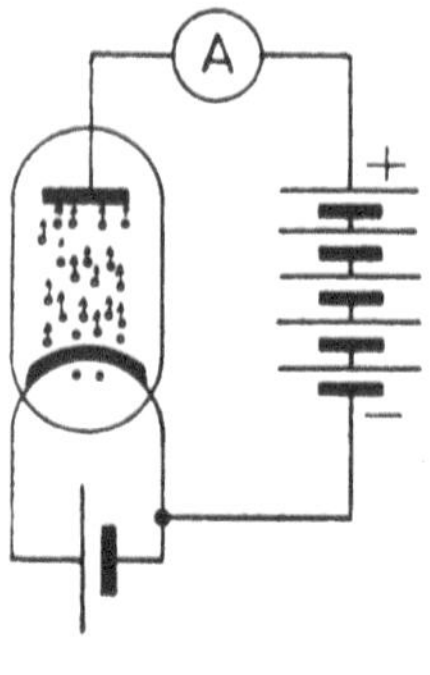

Abb. 220. Entstehung des Elektronenstromes in der Röhre durch Anlegen einer Spannung zwischen Anode und Kathode.

über ein Amperemeter verbindet, deren Minuspol an der Glühkathode liegt. Die austretenden Elektronen werden nun zur Anode hingezogen und bewegen sich in einem **Elektronenstrom** durch die Röhre, den das Amperemeter anzeigt (Abb. 220). Tauscht man die Pole, so daß der Minuspol der Anodenbatterie an der Anode liegt, so werden die Elektronen zurückgestoßen, und es kommt kein Strom zustande (Abb. 221). [93]

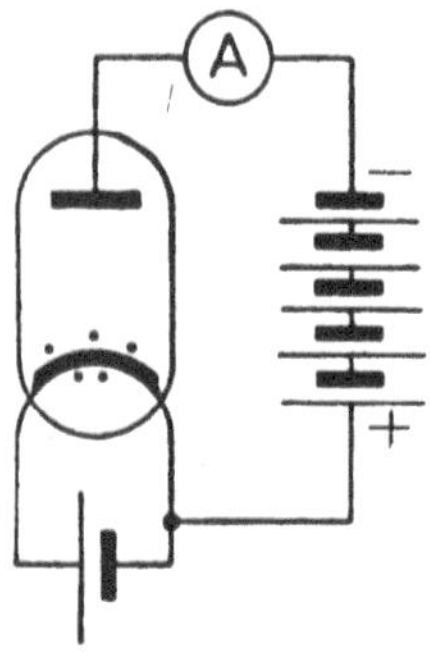

Abb. 221. Bei falscher Polung der Röhre fließt kein Elektronenstrom.

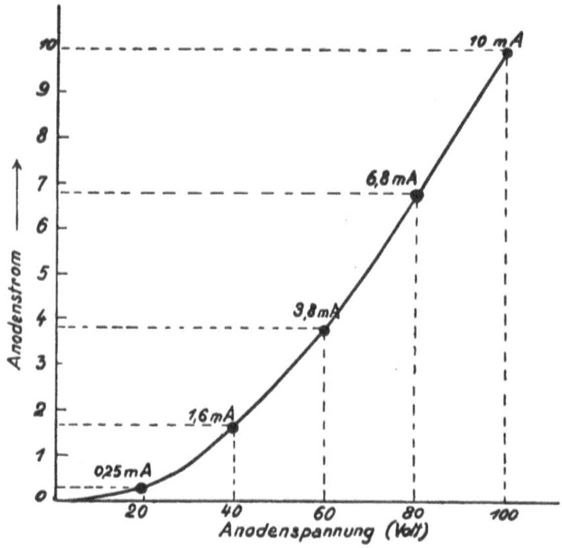

Abb. 222. Schaubild des Anodenstromes in Abhängigkeit von der Anodenspannung.

Die Elektronenröhre läßt also nur die Elektronen in einer Richtung von der Glühkathode zur Anode fließen.

Der Elektronenstrom hört ebenfalls sofort auf, wenn die Glühkathode erkaltet.

Röhre, Anodenbatterie und Zuleitungen bilden den **Anodenkreis.**

Die S t ä r k e d e s E l e k t r o n e n s t r o m s ist von der angelegten Anodenspannung abhängig. Trägt man auf einer Achse die Maßzahlen der zwischen Anode und

Kathode angelegten Anodenspannung in Volt und auf der dazu senkrechten Achse die am Meßinstrument abgelesene Anodenstromstärke in mA ab, so ergibt sich ein Schaubild nach Abb. 222. Man erkennt daraus, daß bei einer Spannung von etwa 80 V eine Stromstärke von 6,8 mA erreicht wird. [94]

Röhre als Gleichrichter

Eine Elektronenröhre, die nur Anode und Glühkathode enthält, heißt Zweipol- oder Zweielektrodenröhre. Sie findet hauptsächlich bei der Gleichrichtung von Wechselströmen Verwendung. Die Wechselspannung wird dabei meistenteils einem Netztransformator entnommen (Abb. 223), der gleichzeitig auch die niedrigere Heizspannung liefert.

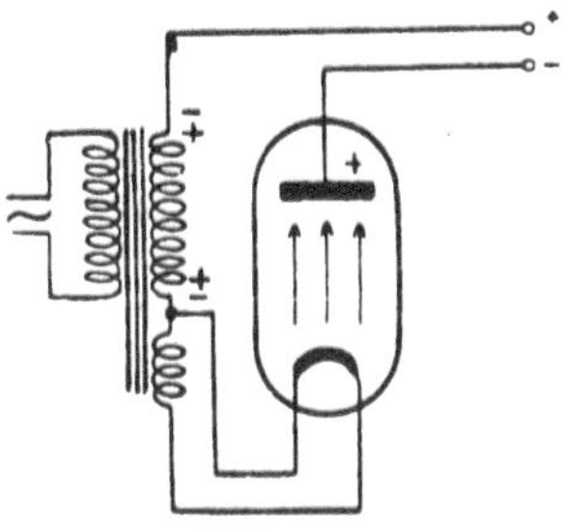

Abb. 223. Elektronenröhre als Gleichrichter.

Die Heizung des Glühfadens durch Wechselstrom ist ohne weiteres möglich, weil für die Erwärmung des Fadens die Stromrichtung keine Rolle spielt (vgl. S. 60).

Von dem Anodenwechselstrom werden nur **die Halbwellen** durchgelassen, bei denen die Anode der positive Pol ist, denn in umgekehrter Richtung sperrt die Röhre den Strom (Abb. 224). Der entstehende Gleichstrom besteht aus einzelnen, in derselben Richtung laufenden Stromstößen. Die Lücken dazwischen entstehen dadurch, daß jeweils die eine Halbwelle des Wechselstroms vernichtet wird.

Abb. 224. Schaubild des entstehenden Gleichstromes (pulsierender Gleichstrom).

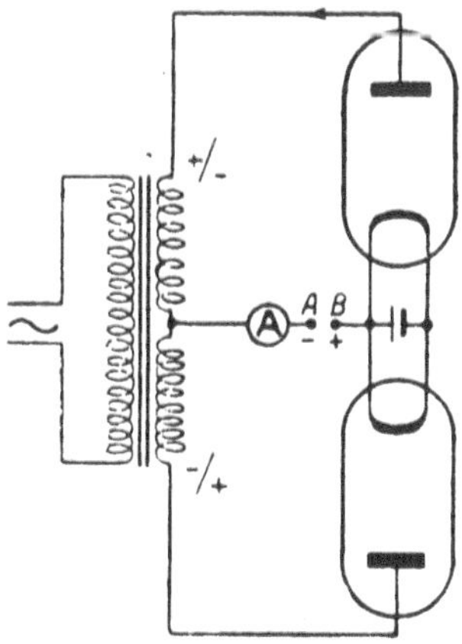

Abb. 225. Gegentaktschaltung zweier Elektronenröhren.

Um diesen Nachteil zu beheben, benutzt man **zwei** Gleichrichterröhren nach Abb. 225 und schaltet sie im sogenannten **„Gegentakt“.** Es treten dann die beiden Röhren abwechselnd in Tätigkeit (Vollweg- oder Doppelweggleichrichtung).

Um diese Anordnung zu vereinfachen, hat man besondere **Doppelweggleichrichterröhren** gebaut (Abb. 226). Sie besitzen im Innern zwei Anoden, die mit den Enden eines Netztransformators verbunden werden. **Der Minuspol liegt an der Mittelanzapfung des Transformators. Die Kathode dient als Pluspol.** Der Elektronenstrom geht von der Glühkathode jeweils zu der positiven Anode, von dort durch das Verbrauchsgerät wieder zur Kathode zurück. Auch hier wird die Kathode durch Wechselstrom geheizt.

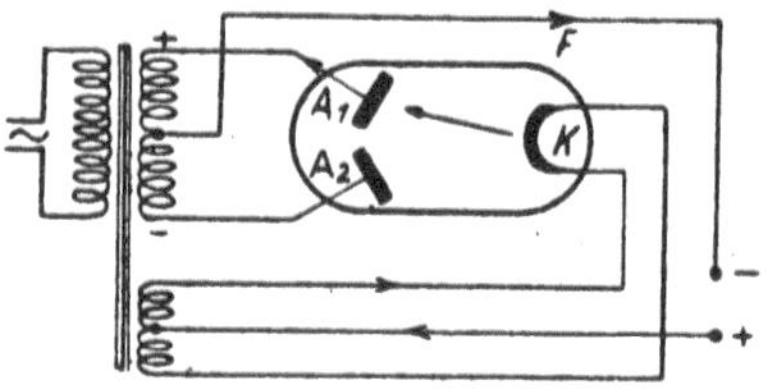

Abb. 226. Doppelweggleichrichterröhre.

Ein Schaubild des dabei erzeugten Gleichstroms ist in Abb. 227 wiedergegeben. Auch hier ist der Gleichstrom immer noch „pulsierend“, hat aber nicht mehr die breiten Lücken.

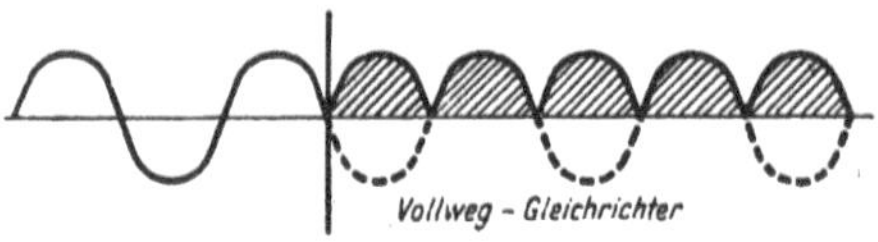

Abb. 227. Schaubild des entstehenden Gleichstromes bei Doppelweggleichrichtung.

Um ihn zu glätten, legt man eine sogenannte **Siebkette** in den Gleichstromkreis. Sie besteht aus Drosselspulen und Kondensatoren, die in Wechselwirkung zueinander die Schwankungen des Gleichstroms ausgleichen. Abb. 228 zeigt die Schaltung einer Siebkette.

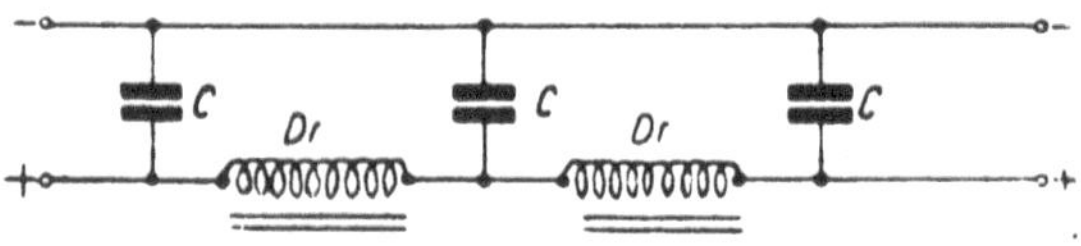

Abb. 228. Siebkette zur Glättung des Gleichstromes.

Ist der Heizfaden mit einer besonderen Emissionsschicht belegt, so treten die Elektronen schon bei niedriger Temperatur aus. Es genügen dann Temperaturen der beginnenden Rotglut. Daher glühen die Heizfäden in neuzeitlichen Elektrodenröhren nur dunkelrot. Bei starker Erhitzung durch zu große Stromstärke verdampft ein Teil der wirksamen Stoffe sehr schnell. Die Leistung läßt dann bald nach, die Röhre wird „taub“.

Bei der unmittelbaren **(direkten)** Heizung der Glühkathode ist die Emissionsschicht direkt auf dem Glühfaden aufgebracht Abb. 229). Dies hat verschiedene Nachteile.

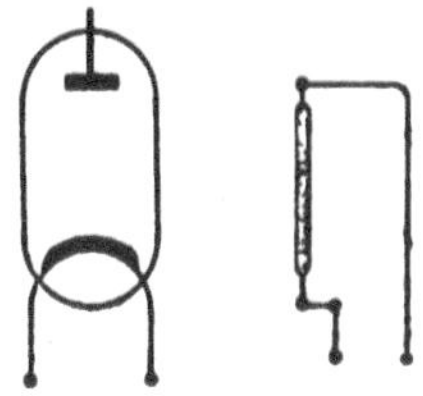

Abb. 229. Schaltzeichen der direkt geheizten Glühkathode.

Man hat deshalb die mittelbare **(indirekte)** Heizung der Glühkathode, insbesondere für den Wechselstrom, eingeführt.

Die Emissionsschicht wird auf ein dünnes Nickelröhrchen, das dann als Kathode (K) dient, aufgebracht. Durch den im Inneren liegenden Heizfaden wird die Kathode gleichmäßig erwärmt. Abbildung 230 zeigt Aufbau und Schaltzeichen der indirekt geheizten Röhre.

Bis zur vollen Emission bedarf die indirekt geheizte Röhre einer Anheizzeit von etwa 30 Sekunden.

Durch das Aufprallen der Elektronen auf die Anode entsteht Wärme, die bei Hochleistungsröhren (Rundfunk) beträchtliche Werte annehmen kann. Dadurch erhitzt sich das Anodenblech, ja es kann sogar glühend werden. Besonders bei hohen Anodenspannungen ist der Leistungsverlust durch die Erwärmung sehr groß. (Wassergekühlte Röhren bei Rundfunksendern.)

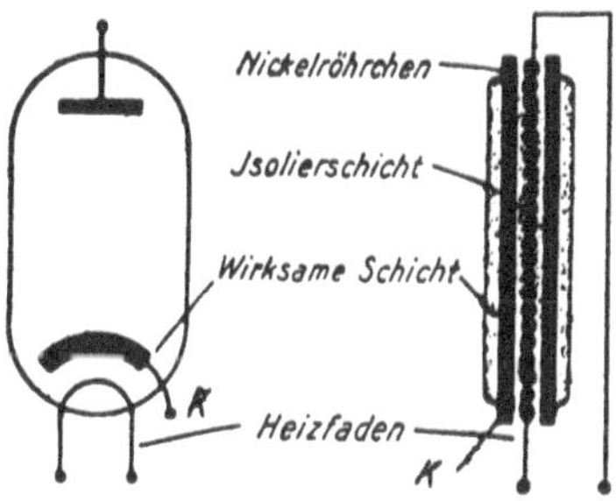

Abb. 230. Aufbau und Schaltzeichen der indirekt geheizten Glühkathode.

Diese heute viel benutzten Gleichrichterröhren besitzen eine große Betriebssicherheit und bedürfen keinerlei Wartung.

Jedes Netzanschlußgerät für Wechselstrom im Rundfunk besitzt eine solche Gleichrichterröhre.

Überblick

1. Die **Zweipolröhre** enthält eine Glühkathode und eine Anode.
2. **Emission** nennt man das Aussenden der Elektronen durch die Kathode.

3. Die **Emissionsschicht** wird auf den Glühfaden aufgebracht, um den Austritt der Elektronen zu begünstigen.
4. Der **Heizkreis** besteht aus Stromquelle, Glühfaden, Zu- und Ableitung.
5. Die Anode wird mit dem Pluspol der Anodenbatterie verbunden.
6. **Anodenkreis** wird gebildet aus Anodenbatterie, Kathode, Anode und Zu- und Ableitung.
7. Die **Gleichrichterröhre** ist eine Zweielektrodenröhre und dient zur Gleichrichtung des Wechselstromes.
8. Die **Doppelweggleichrichtung** wird durch eine Elektronenröhre mit zwei Anoden erreicht. Sie richtet beide Halbwellen des Wechselstromes gleich.

20. Die Dreipolröhre (Gitterröhre)

Wirkungsweise des Gitters

Zwischen Glühkathode und Anode wird nun noch ein dritter Pol, **das Gitter,** eingeschaltet. Meistens liegt es in Form eines Drahtwendels um die Kathode (Abb. 231).

Da die Elektronen durch elektrische Kräfte sehr leicht beeinflußt werden können, läßt der Elektronenstrom sich schon durch geringe Spannungen am Gitter „steuern" (Steuergitter). Durch negative Spannungen des Gitters kann man den Strom schwächen, durch positive verstärken. Hierzu ist keine merkliche Energie notwendig, sondern nur eine Spannung. Die Energie für den Elektronenstrom wird ja der Anodenbatterie entnommen. Dieser Steuerung des Elektronenstroms durch das Gitter hat die Elektronenröhre ihren Siegeslauf in der Funk- und Fernsprechtechnik zu verdanken.

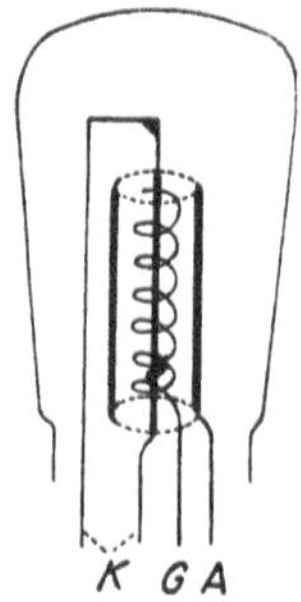

Abb. 231. Technische Ausführung des Gitters in der Elektronenröhre.

Die Dreipolröhre arbeitet wie ein Schütz, bei dem durch schwache Steuerströme große Arbeitsströme ausgelöst werden können (vgl. S. 85). Schon ganz schwache Spannungsänderungen am Gitter rufen starke Änderungen des Anodenstroms hervor.

Kennlinie

Die Wirkung der Steuerung durch Gitterspannungen läßt sich an einem Bild veranschaulichen Man schaltet nach Abb. 232 einen Strommesser in den Anodenstromkreis und zwischen Gitter und Kathode einen Spannungsmesser, der die jeweilige an das Gitter gelegte Spannung angibt. Mißt man bei gleichbleibender Anodenspannung die Stärke des Anodenstroms bei verschiedenen „Vorspannungen" des Gitters gegenüber der Kathode (z. B. von —16 bis + 12 V) und stellt die Ergebnisse in einem Schaubild nach Abb. 233 zusammen, so erhält man die sogenannte **Kennlinie** der Röhre. [95]

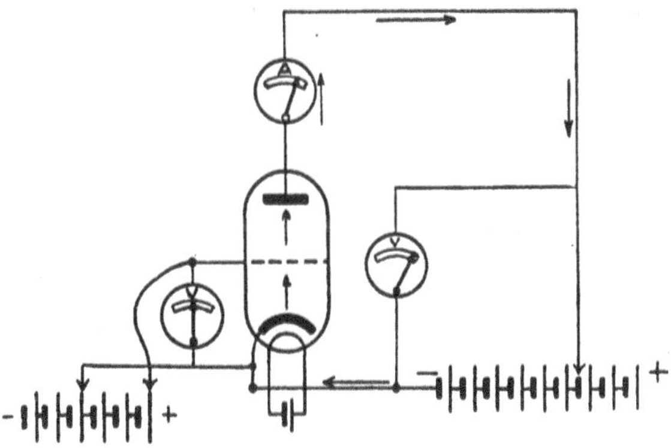

Abb. 232. Schaltplan zur Aufnahme der Kennlinie.

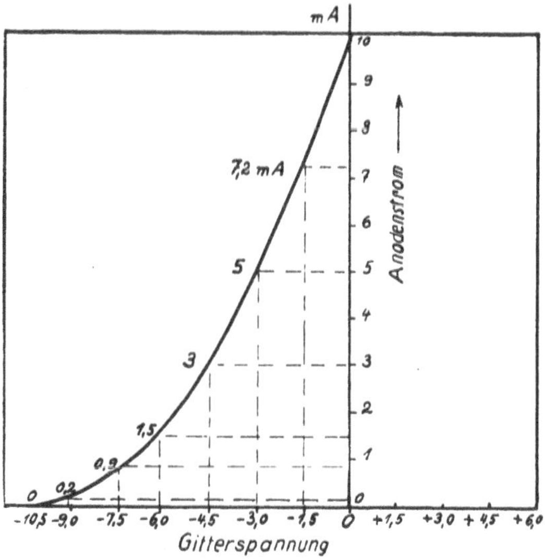

Abb. 233. Kennlinie einer Dreipolröhre.

Ändert man nun die Anodenspannung, so erhält man andere Kennlinien.

Je steiler die Kurve ansteigt, um so größer ist die Steuerwirkung des Gitters bei der benutzten Vorspannung. Diese „Steilheit" des mittleren ansteigenden Teiles der Kennlinie ist wesentlich für die Arbeitsweise der Röhre.

Unter dem **Arbeitspunkt** versteht man den Punkt der Kennlinie, der durch die gewählte Gittervorspannung festgelegt ist.

Die Verstärkung

Der Kennlinie kann man die Verstärkerwirkung, die wichtigste Eigenschaft der Eingitterröhre, entnehmen.

Bringt man an das Gitter schwache Wechselspannungen, so rufen diese große Schwankungen des Anodenstroms hervor. In Abb. 234 liegt der Arbeitspunkt durch die Gittervorspannung von — 2 V in der Mitte des aufsteigenden Teiles der Kennlinie. Die beiden Halbwellen der auf das Gitter aufgebrachten Wechselspannung werden dann gleichmäßig verstärkt und rufen im Anodenstromkreis einen Wechselstrom der gleichen Frequenz und der gleichen Gestaltung hervor.

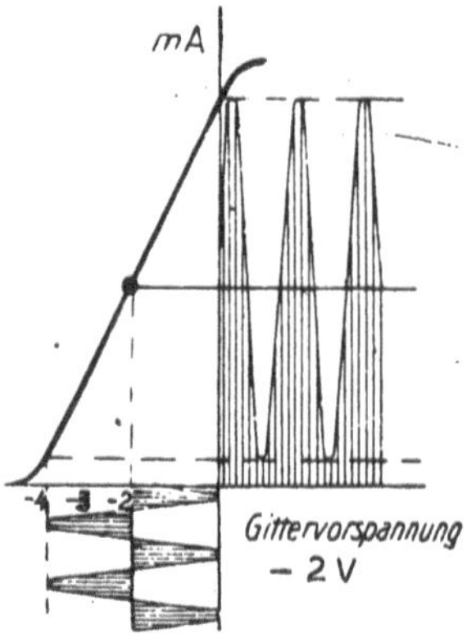

Abb. 234.
Schaubild der Verstärkerwirkung der Dreipolröhre.

In Abb. 235 liegt der Arbeitspunkt zu hoch, d. h. die Gittervorspannung ist nicht richtig gewählt. Es wird ein Teil der Wechselstromkurve verzerrt.

Bei einem guten Verstärker muß also der Arbeitspunkt in der Mitte des geraden Teiles der Kennlinie liegen.

Ist die an das Gitter angelegte Wechselspannung zu groß, so entsteht die sogenannte „Übersteuerung“.

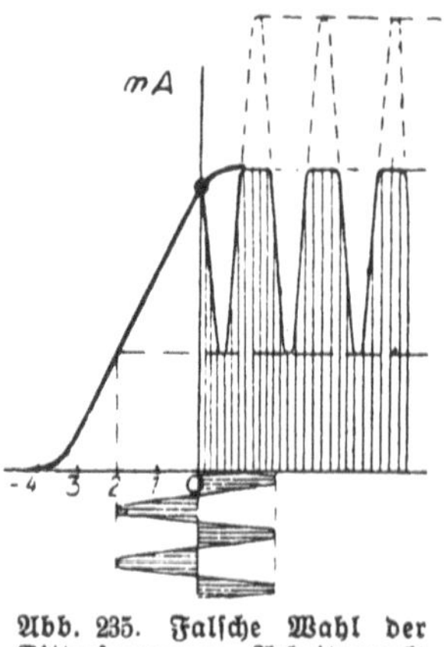

Abb. 235. Falsche Wahl der Gitterspannung. Arbeitspunkt nicht in der Mitte des aufsteigenden Astes, daher Verzerrung.

Um sehr schwache Spannungen hoch zu verstärken, schaltet man mehrere Röhren hintereinander, indem man den Anodenwechselstrom über einen Umspanner als Wechselspannung an das Gitter einer zweiten Röhre anschließt.

Der Röhrenverstärker ist im technischen und täglichen Leben nicht mehr wegzudenken. Außer beim Rundfunk im Empfangsgerät, im Sender und hinter dem Mikrophon benutzt man ihn heute überall dort in Wissenschaft und Technik, wo es gilt, kleinste Spannungen der Beobachtung zugänglich zu machen.

Abb. 236 zeigt die Schaltung einer Röhre als Sprachverstärker. Die Stromschwankungen des Mikrophons werden durch einen Umspanner als Spannungsschwankungen an das Gitter der Röhre gebracht und erzeugen im Anodenkreis Gleichstromschwankungen

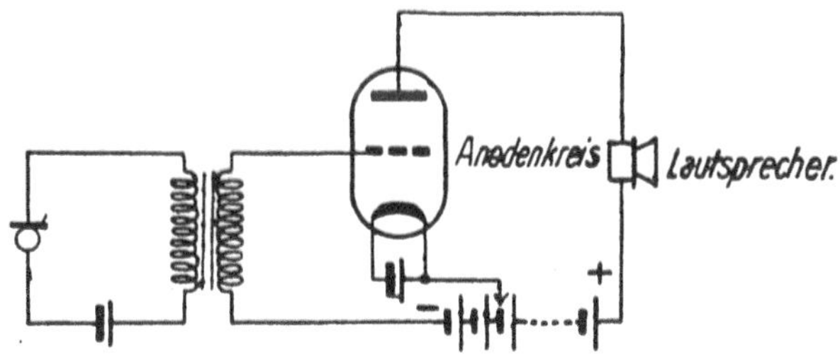

Abb. 236. Schaltung der Dreipolröhre als Sprechverstärker.

von beträchtlich größerer Schwingungsweite als das Mikrophon sie lieferte. [96]

Überblick

1. Das **Gitter** als dritte Elektrode steuert den Anodenstrom (Steuergitter).
2. Durch Spannungsänderungen am Gitter werden starke Änderungen des Anodenstromes hervorgerufen.
3. Die **Kennlinie** der Röhre veranschaulicht die Wirkung der Spannungsänderung des Gitters auf den Anodenstrom.
4. Mit **Arbeitspunkt** bezeichnet man den Punkt der Kennlinie, der durch die jeweilige Gittervorspannung festgelegt ist.
5. Die **Verstärkerwirkung** der Dreipolröhre wird in Funk- und Fernsprechtechnik weitgehend ausgenutzt.

Schaltzeichen

Schaltzeichen dienen zur Darstellung von elektrischen Schaltungen. Sie geben nur Aufschluß über Art, Schaltung und Arbeitsweise der Geräte, aber nicht über ihre technische Ausführung. Sie können in beliebiger Lage gezeichnet werden. Die mit 1 bezeichneten Schaltzeichen sind bisherige Darstellungen, die mit 2 und ohne Nummern die vom VDE im Jahre 1940 vorgeschlagenen.

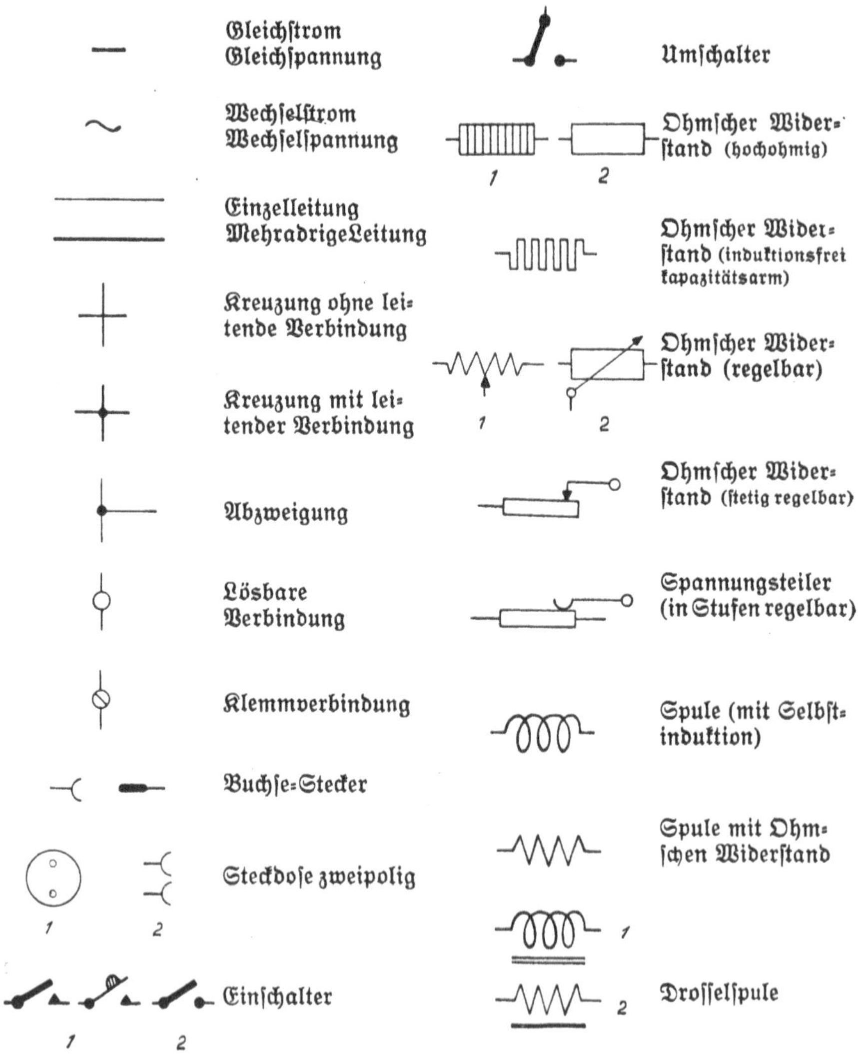

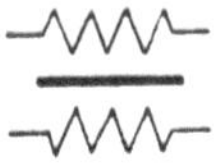
Transformator

Glühlampe
unter Strom

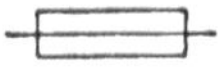
Stromsicherung

Überspannungs-
schutz (Funkenstrecke)

Überspannungs-
schutz (Glimmröhre)

Meßgerät
A Strommesser
V Spannungsmesser
Ω Widerstandsmesser
f Frequenzmesser

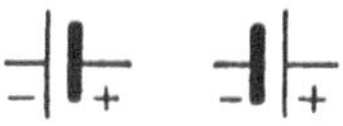
Element - Sammler
(Polung beachten)

1 2

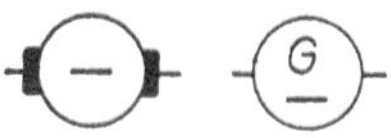
1 2
Gleichstrom-
maschine

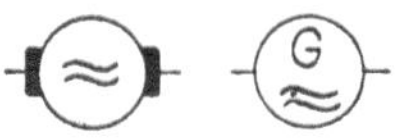
1 2
Wechselstrom-
maschine

Kondensator

Kondensator
(regelbar)

Mikrophon

Kohlemikrophon

1 2
Fernhörer

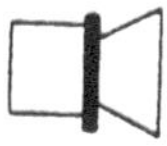
Lautsprecher

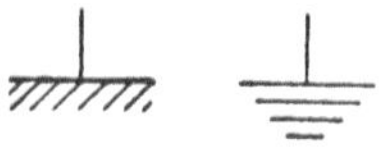
1 2
Erdung

1 2
Röhre

Anode

Gitter

Kathode (direkt
geheizt)

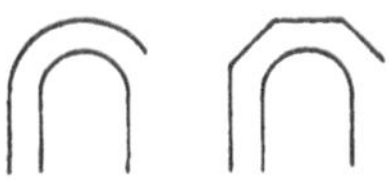
1 2
Kathode (indirekt
geheizt)

Zweiweg-
Gleichrichterröhre

Glimmröhre

Sachverzeichnis

Abspanner 123
Ampere 6
Amperemeter 7
Amperemeter (Hitzdraht) 60
Ampere-Stunde (Ah) 69
Anker bei Maschinen 110
Anker magnetischer 72, 78
Anlaßwiderstand 114
Anode 62, 126
Anodenbatterie 4, 19, 67, 126
Arbeitsstrom (Schütz) 86
Arbeitspunkt (Dreipolröhre) 132
Artwiderstand 23
Atome 2
Aufladestrom (Kondensator) 45
Aufspanner 123
Ausgangsspannung (Transformator) 118
Außenpolmaschine 110

Batterie 19
Becherkondensator 49
Belegung (vgl. Kondensatoren) 49
Bimetallstreifen 56
Bleisammler 68
Bleisuperoxyd 67
Blitz 37
Blitzableiter 39
Blockkondensator 48
Braunstein 65
Buchse 11

Cadmium 62
Chromnickel 55

Dauermagnetismus 74
Deklination (Mißweisung) 76
Dichtemesser 70
Doppel-T-Anker 110
Doppelweggleichrichter 128
Dreheiseninstrument 89
Dreheisenvoltmeter 104
Drehkondensator 50
Drehspulgalvanometer 90
Drehspulinstrument 89
Drehstrom 108
Drehstrommotor 114
Dreileitersystem 109
Dreipolröhre 130
Drosselspule 101, 107
Dynamomaschine 109

Edison 58
Effektive Stromstärke 104
Einankerumformer 115
Eingangsspannung (Transformator) 118
Einheitstaste 83
Eisenkern 78, 99
Elektrischer Schlag 36
Elektroden 32, 62
Elektrolyse 62
Elektrolyt 32, 62
Elektromagnet 78, 80
Elektronen 2, 42, 125
Elektronenmangel 3, 44
Elektronenröhre 125
Elektronenstrom (Richtung) 14, 126
Elektronenüberfluß 3, 44
Elektronenwanderungsgeschwindigkeit 5
Elektronenwolke 125
Elektroschweißverfahren 57
Elektrostahl 57
Elektrowärme 55
Eloxalverfahren 64
Emission 125
Emissionsschicht 128
Entladestrom (Kondensator) 45
Erdung 33
Erregermaschine 111
Erstspule 95, 117

Fangpol (Elektronen-Röhre) 126
Farad 46
Faraday 93
Feinsicherung 54
Feld, elektrisches 43
Feld, homogenes 78
Feld, magnetisches 74
Feldelement 66
Feldlinien, elektrische 43, 44
Feldspule 95, 117
Feldwicklung 111
Fernleitung 123
Fernhörer 81, 105
Frequenz 102
Funkeninduktor 97

Galvanisches Element 65
Galvanometer 90
Galvanoplastik 63
Gegentaktschaltung 127
Generator 109
Gitter 130
Gitterröhre 130
Gittervorspannung 131
Gleichrichter 115, 127
Gleichstrom 5
Gleichstromgenerator 111
Gleichstrommotor 113
Glimmlampe 38
Glimmlicht 38
Glühkathode 125
Glühlampe 58
Goebel, Heinrich 58
Grobsicherung 54

Halbwellen 127
Hauptschlußmaschine 113

Hauptschlußschaltung 113
Heizdraht 55
Heizkreis 125
Heizwiderstand 55
Hertz 102
Hintereinanderschaltung 19
Hitzdrahtamperemeter 60
Hitzdrahtvoltmeter 104
Hochohmwiderstand 28
Hochspannungen 119
Hufeisenmagnet 72
Hupe 85

Induktion 93
Induktionsschmelzofen 119
Induktionsspannung 94
Induktionsspule 96, 117
Induktionsstrom 94, 95
Innenpolmaschine 111
Ionen 63
Isolatoren 3, 31, 40

Kabel 31
Kalilauge 71
Kapazität 45
Kathode 62, 125
Kennlinie 131
Kerntransformator 117
Kilovolt 16
Kilowatt 40
Kilowattstunde 40
Kleistsche Flasche (Leidener Flasche) 49
Klingel 84
Knallgas 62, 70
Kollektor 111
Kompaß 73
Kondensator 44
Konstantandraht 21
Kopplung 96
Kraftlinien, magnetische 74
Kurbelinduktor 110
Kurbelwiderstand 26
Kupferoxydulgleichrichter 116
Kurzschluß 52, 57
Kurzschlußmotor 114

Ladung 42
Ladezeit 70
Lamellen 112
Lasthebemagnet 80
Läufer 109
Laugen 32
Leistung, elektrische 41
Leiter 2
Leitfähigkeit 23
Leitungen 2
Leitungsverbindungen 11
Leuchtröhre 39
Lichtbogen 56
Luftsauerstoff-Element 66

Magnet 72
Magnetfeld, der Erde 76
Magnetfeld des Stromes 77
Magnetisieren 73
Magnetisches Magazin 73
Magnetismus 72
Magnetnadel 73
Manteltransformator 118
Mavometer 91
Mehrpolmaschine 111
Membran (Telephon) 81
Meßbereich 7
Meßbereich, Änderung des 91
Metallüberzüge 63
Mikrofarad 46
Mikrophon 27
Milliampere 6
Millivolt 16
Minuspol 4, 13, 14
Minuszeichen 4
Mißweisung 76
Moleküle 2
Morsealphabet 83
Morseschreiber 82
Morsetaste 83
Motoren 113
Motorgenerator 115

Nebenschlußmaschine 113
Nebenschlußgeneratoren 113
Nebenwiderstand 92
Nichtleiter 3
Nife-Sammler 69
Nitralampe 58
Nordpol 72

Öffnungsfunke 100
Öffnungsspannung 99
Öltransformatoren 118
Ohm 23
Ohmscher Widerstand 105
Ohmsches Gesetz 24, 25

Paraffinpapier 49
Parallelschaltung 8
Periode (Wechselstrom) 102
Pferdestärke 41
Phasenverschiebung 109
Picofarad 46
Plattenkondensator 50
Pluszeichen, Pluspol 4, 13, 14
Polarisation 65
Polarisierter Elektromagnet 81
Pole, elektrische 3 ff.
Polprüfpapier 4
Polschuhe 11, 110
Polsuchlampe 38
Primärspule 117
Pulsierender Gleichstrom 127, 128
Punktschweißung 120

Quecksilberdampfgleichrichter 115
Querschnitt des Leiters 22

Reihenschaltung 19, 59
Relais 85
Richtung des Stromes 13
Röhrenverstärker 132
Rotor 109
Ruhestrom (Schütz) 86

Sammler 3, 67
Sauerstoff 61
Säuren 32
Säureprüfer 70
Schalter 9
Schaltplan 12

Schaltungen für Lampen 59
Schaltung von Ampere und Voltmeter 17
Schaltung von Kondensatoren 47
Schaltung von Meßinstrumenten 87
Schaltung von Widerständen 28
Schaltzeichen 12
Scheinwerfer 57
Schiebewiderstand 26
Schleifbürsten 111
Schleifringe 111
Schmelzofen 57
Schmelzsicherung 52
Schütz 85
Schütz, polarisiertes 86
Schweißverfahren 57, 120
Sekundärspule 117
Selbsterregung 112
Selbstinduktion 98
Selbstinduktionsspule 101
Selbstschalter 56
Selbstunterbrecher 84
Selengleichrichter 116
Sicherung 53
Siebkette 128
Siemens 24
Siemens, Werner von 113
Sinuslinie 103
Spannung 15 ff.
Spannungserhöhung 18
Spannungsmesser 17
Spannungsstoß 100, 101
Spannungstaster 35
Spannungsteilerschaltung 29
Spartransformator 122
Sprechspule 121
Sprechverbindung (Telephon) 82
Sprühpol (Elektronen-Röhre) 125
Südpol 72
Stabmagnet 72
Ständer 109
Stator 109
Stecker 11
Steuergitter 130
Stromform 103
Stromkreis 5
Stromkurve 103
Strommesser 7
Stromquelle 3
Stromstärke 6
Stromstärke bei Wechselstrom 104
Stromverzweigung 8
Stromwender 48
Stumpfschweißung 120

Taschenlampenbatterie 4, 66
Tauchsieder 56
Telephon 80
Transformator 117
Treppenhausschaltung 59
Trockenelement 66
Trockengleichrichter 116
Trommelanker 112

Überlagerung 108
Übersetzung des Umspanners 119
Überspannungsableiter 39
Übersteuerung (Gitter) 132
Überstromschalter 86
Übertrager 121
Umformer 115
Umspanner 117, 122
Unterbrecherwecker 84

Vagabundierende Ströme 35
Verlustwärme 55, 123
Verstärkung 132
Verzweigung 8
Volt 16
Voltmeter 17
Vorschaltwiderstand 92

Wackelkontakt 11
Wärmeregler 55
Wasserstoff 61
Watt 40
Wechselschaltung 59
Wechselstrom 5, 102
Wechselstrom-Generator 109
Wechselstrom-Motor 113
Wechselzahl (Frequenz) 102
Weiche, elektrische 107
Weitsprechverkehr (Telephon) 82 u. 121
Wickelkondensator 49
Widerstand 21
Widerstand, induktiver 106
Widerstand, kapazitiver 49, 105
Widerstand, Ohmscher 105
Widerstandstafel 23
Wirbelstrom 97, 118
Wolfram 58

Z-Draht 31
Zündkerze 37
Zündspannung 38
Zweipol- oder Zweielektrodenröhre 127
Zweitspule (Induktionsspule) 96
Zweitspule 117

Die folgenden Abbildungen stellten freundlicherweise zur Verfügung: AFA, Berlin: Abb. 121; E. Busch, Rathenow: Abb. 125; P. Gossen, Erlangen: Abb. 168, 170 und 171; R. Jahre, Berlin: Abb. 88 und 90; Krupp: Abb. 144; Leybolds Nachf., Köln: Abb. 204 und 209; Physikalische Werkstätten, Göttingen: Abb. 72, 77, 78, 80, 164 und 210; Siemens-Halske: Abb. 20; M. Ulrich, Leipzig: Abb. 92; Mittler & Sohn, Berlin: Panek, Einführung in die elektrische Nachrichtentechnik: Abb. 82, 87, 207 und 208; Verlag B. G. Teubner, Leipzig: nach Blatzheim, Fachkunde für Fernmeldetechnik: Abb. 74, 76, 97, 98 und 206; TWL: Abb. 103, 155, 201, 213, 214.

www.ingramcontent.com/pod-product-compliance
Lightning Source LLC
LaVergne TN
LVHW091728021026
849161LV00003BB/477
* 9 7 8 3 1 1 2 6 7 7 4 9 0 *